后浪出版公司

未来人类

Scott Solomon

[美] 斯考特·所罗门 著
郭怿暄 译

民主与建设出版社
·北京·

Future Humans

献给我的家庭——

过去，现在，和未来

目　录

前　言

我们人类真是一个奇怪的物种。作为一名以研究昆虫为生的人来说，我对奇怪的生物还是颇有见解的，但还是得出了这个结论。在这个世界上，昆虫的数量远远超过人类，但人类却是地球上仅有的、可以如此彻底地主宰这颗星球的生物。我们找到办法改变环境使其顺应我们的需求，建造气候可控的空间，使我们几乎可以在任何地方生存；我们种植自己的食物，使用药物来对抗疾病；我们将自己置于机器之中便可以不费吹灰之力地到处移动；我们甚至还在这颗星球上留下了从太空可以看到的标记，而之所以知道这个事实，是因为我们亲眼所见。

然而，我们这个物种并非一直如此卓越。追溯到仅仅六百万年前，那时的祖先如果今天还活着，也会像至今依然存在于我们周围的黑猩猩、大猩猩和猩猩一样，仅仅被当成另一种类人猿罢了。事实上，如果对黑猩猩这一种系追根溯源，可以找到与我们相同的祖先。但是不知什么原因，中间的六百万年给它们这个种系带来的变化远远没有像我们这样巨大。

为了切身感受一下究竟发生了多大的变化，才使我们沿着家谱树的分支落到了那个叫作智人（*Homo sapiens*）的小枝丫上，我走访了坐落于美国华盛顿特区史密森尼国家自然历史博物馆二层戴维·H. 科吉（David H. Koch）展厅的人类起源展区。这个展览主要展示了我们的演化史中那些令人瞩目的里程碑：双腿直立行走、开发工具、脑容量显著增加、学会使用火，以及发明语言等。事实上，这些被我们当作典型人类应当具备的特点，是相对近期才发展出的产物。

参观这个展览还会让我们更加清楚地知道对于自己的过去究竟有多少了解。在过去的150年中，考古学家和古人类学家挖掘出了数量惊人的骨骼、工具以及我们的老祖先留下的其他遗迹，其中许多发现都是最近几十年才完成的。当我还在伊利诺伊大学（University of Illinois）读本科时，便开始对人类演化的研究深深着迷，我曾修过与这个主题相关的每一门课程，甚至考虑从事生物人类学研究来进一步追寻人类演化的足迹。而如今出现在史密森尼博物馆展览中的众多化石——那些为人类演化史提供了关键信息的化石——在20世纪90年代我上大学时还尚未被描述。

1871年，早已赫赫有名的查尔斯·达尔文（Charles Darwin）写下了《人类的由来及性选择》（*The Descent of Man and Selection in Relation to Sex*），作为他之前关于进化论的著名作品的续篇。在这部书里他扩展了关于物种在自然选择中如何改变的理论，试图证明人类也同样在演化。[1] 但是当时可以支持他观点的化石证据还没有被发现，已知仅有的人类祖先化石是1856年在德国发现的尼安德特人（*Homo neanderthalensis*），但很肯定的是，相比猿来讲这一化石更接近人。达尔文预测将有更多原始人类被发现，甚至断定它们出现在非洲。之后并没有过去太长时间，他的预言就变成了现实，尽管达尔文最初似乎在地理上的预测存在很大偏差。1890年，在《人类的由来及性选择》出版后仅二十年，荷兰解剖学家、古生物学家欧仁·迪布瓦（Eugène Dubois）在印度尼西亚爪哇岛上发现了直立人（*Homo erectus*）的化石。

最终，达尔文的设想被证实是完全正确的，人族（hominins）作为人类这一种系最早的成员，的确来自非洲。非洲大陆上的首个发现来自赞比亚，而后另一个更古老的化石在南非被发掘。此后更多发现接踵而至，史密森尼国家自然历史博物馆中展出的那一整墙头骨化石复制品清晰地展示出迄今为止的发现。同时，通过这些展品也可以看出我们这个种系仅仅在脖子以上的部分就发生了多么巨大的变化。一些头骨有很厚的眉骨，并在其上方有一条骨性突起，而有的则有向前突出的口鼻，看起来与黑猩猩的脸更为相似。还有一些化石兼具与猩猩和人相似的特征。1974年，埃塞俄比亚发现了一尊著名的阿法南方古猿（*Australopithecus afarensis*）骨架化石，艺术家们对这尊取名为“露西”的化石进行了全身重建，经过仔细观察后发现她拥有像我们一样的脚，但大脑很小，这说明双脚直立行走先于大脑容量增大演化出来。[2]

尽管对于人类的实际年龄依旧众说纷纭，但相对来讲我们是个历史还不长的物种。在目前作为首块智人化石的最有力竞争者中，绝大多数都发现于埃塞俄比亚，科学家们对化石附近的火山岩石进行放射性年代测定，结果显示我们人类可能出现在大约160,000年前。在大约50,000年前，第一位智人跟随着1,000,000年前我们的表亲直立人留下的足迹走出了非洲。后来，我们的扩散范围愈加广泛，几乎占领了这个地球上的每一个角落。

人类演化的故事讲到这里往往就要告一段落了。我们在过去的某一点演化成了现代人，最终发展出农业，建立起文明，而剩下的——毫不夸张地讲——就是历史。看着这些博物馆中陈列的骨架，我可以理解为何有的人认为从生物学角度来讲我们跟150,000年前的人一模一样。的确，我们的骨骼看上去和他们并没有差别。而这却成了许多人认定曾经塑造我们祖先的演化过程如今对我们不再适用的证据。毕竟，我们中的绝大多数都住在可以精准控制气候的建筑里，把我们与自然隔绝开。我们可以在这颗星球的一端醒来，而到另一端入眠。我们使用化学品对生存的空间和身体进行消毒。当我们受伤或是生病时，可以通过手术来修复损伤或者通过服药来消除疾病。如果我们无法自然怀上孩子，可以在实验室培养一个胚胎再把它植入子宫。我们开发出了人工肢体、助听设备和隐形眼镜。在当今这个世界，只有最强健的人才能存活下去的观点，早已不是真理。

尽管研究者们对于人类从类似黑猩猩的祖先演化而来这一点普遍达成了共识，但是对于人类演化是否仍在继续的问题，科学上一直没有达成一致。19世纪末，查尔斯·达尔文的表兄弗朗西斯·高尔顿（Francis Galton）基于一个错误的观点提出了优生学（eugenics）的概念，认为我们这个物种在朝着错误的演化方向前进，因此需要采取一些干预措施。后来优生学成为一门独立学科，尽管如今往往与种族主义者和歧视行为有关，但在第二次世界大战之前，许多顶尖科学家都接受了它的基本前提，即假设人类演化仍在继续。

在纳粹曲解优生学的基本原理并导致全球暴行的发生之后，对优生学的支持逐渐衰弱。不过，人类演化仍在继续的基本观点依然得到一些重要思想家的拥护。1959年，作为20世纪最具影响力的生物学家之一，西奥多修斯·杜布赞斯基（Theodosius Dobzhansky）在耶鲁大学纪念达尔文重要著作《物种起源》（*On the Origin of Species by Means of Natural Selection*）发表一百周年的活动中发表了演讲。在这场日后构成其著作《人类演化》（*Mankind Evolving*）的演讲中，多布任斯基虽极力回避优生学的概念，但仍根据当时已有的证据指出人类演化还在继续，尽管他能拿出的例证寥寥无几。[3]

然而，并非所有同行都对他所提出的人类演化仍在继续的观点表示认同。1963年，杰出的演化生物学家厄恩斯特·迈尔（Ernst Mayr）写道："我们无法回避的一个事实就是人类朝着人演化的过程戛然而止。"尽管这个话题很少被讨论，迈尔的观点还是受到了广泛支持。2000年，另外一位著名的演化思想家斯蒂芬·杰·古尔德（Stephen Jay Gould）重申了这一观点，在一个访谈中他说道："自然选择几乎与人类演化不再相干。过去的40,000或50,000年中，人类在生物学上没发生任何变化。"2013年，备受尊重的自然媒体人戴维·阿滕伯勒（David Attenborough）附和该观点道："我们是唯一让自然选择停止的物种。"[4]

这一观点的问题就在于，演化实际上仍持续地发生在我们周围。从上一代到下一代中某个性状的常见程度，或是编码该性状的基因发生的任何改变都可算作演化。我们可以看到、观察、探测、预估并检测到它的存在，甚至在一些情况下可以预测它的结果。细菌和真菌常常演化出对抗生素的耐药性。像

HIV之类的病毒在人类宿主体内快速演化，最终导致感染者死亡的病毒可能与最初感染时并不相同。如此，一种病毒就像一个移动的靶子，如此快速的演化使得开发疫苗异常艰难。

我们同样也见证了很多更大型生物的演化，但这就需要一些耐心。生物越大，需要花费在生长并开始繁殖上的时间就越多。因为演化的定义是在代与代间发生的变化，因此代间间隔的时间越长，变化发生得也就越缓慢。

尽管这样，自达尔文将自然选择的观点公之于世后的150余年间，生物学家已经发现了众多证实这一过程仍在继续的例子。1986年，生物学家约翰·恩德勒（John Endler）发表了一部名为《野生环境下的自然选择》（*Natural Selection in the Wild*）的专题著作，书中指出了在自然界中研究演化的方法以及面临的挑战。[5] 这部专著的第5章总结了截至20世纪80年代中期，研究中所记载的发生在野生群体中的自然选择（而非在实验室中）。其中包含一张篇幅长达25页的表格，逐一列举了据恩德勒所知的符合他一系列严苛条件的研究，涉及的物种包括遍布生命之树的众多复杂生物：植物、软体动物、甲壳纲动物、蛛形纲动物、昆虫、鱼类、两栖类、爬行类，鸟类以及哺乳动物。

从研究针对其他物种最近发生和正在进行中的演化，到对人类演化的研究，其间的飞跃花了不少时间。但在最近几十年中，来自古人类学、分子遗传学、微生物学、演化心理学，医学、人口统计学和演化生物学等众多领域的研究，已经为我们解答人类是否仍在继续演化的问题带来了全新的数据。由于从事这些学科的研究者们并不经常互相交流，因此他们不约而同得到的结论被严重忽视了，那就是，我们这个物种从未停止过演化，并且我们已经进入了演化史的一个崭新阶段：它使得我们的未来更加有趣，但也前所未有地难以预测。

生物学家克里斯托弗·威尔斯（Christopher Wills）注意到了这一现象，在1998年出版的《普罗米修斯的孩子》（*Children of Prometheus*）一书中，他强力指出人类演化已经进入了现代时期，不但没有停止，事实上还可能处于加速阶段，并且他通过大量数据来支持自己的观点。[6] 威尔斯对杜布赞斯基的理论进行了更新，引用了众多自然选择在最近的历史甚至现代群体当中依旧发生的例证。威尔斯提醒我们，自然选择并非让演化发生的唯一方式。能够导致遗传性状的常见程度在代间发生改变的其他方式，还包括一个种群的基因通过迁移混入另一种群，群体扩大或缩小时发生随机波动等，都与现代人息息相关。他所列举的有关人类演化仍在继续的证据主要来自20世纪90年代末期的遗传学研究。这个处于革命浪尖的学科不但证实了许多威尔斯实验性的结论，同样也推动了对于其他观点的重新思考，并为整个领域带来了许多出乎意料的发现。

如果人类演化仍在发生，那么未来的人有哪些地方可能与今人不同呢？对于我们这个物种的未来畅想其实已经为科幻小说的作者们提供了丰富的题材，H. G. 韦尔斯（H.G. Wells）于1895年发表的经典科幻作品《时间机器》（*The Time Machine*）便开了先河。书中想象未来的人类演化成了两种截然不同的类型——艾洛伊族（Eloi）和莫洛克斯族（Morlocks）。[7] 韦尔斯笔下的艾洛伊族由于长期荒废，造成体力和智力上的明显衰退，被与猿类相似、生活在地下的莫洛克斯族视为牲畜一般。类似的主题在《X战警》（*X-men*）的漫画和电影中也曾出现，两种不同类型的人类共存，但二者间存在明显的不平等，其中突变体拥有的超能力最初使他们饱受困扰，后来却因此成为英雄。2008年迪士尼皮克斯公司出品的电影《机器人总动员》（*WALL-E*）中，对未来图景的描绘就像韦尔斯最初的想象一样，如同炼狱——离开地球后的人们已经变得极度依赖科技，肥胖得无法行走，完全离不开机器。而在其他受欢迎的电影中，从《终结者》（*The Terminator*）系列到《黑客帝国》（*The Matrix*）三部曲，人类的未来都被想象成了我们与所掌握的技术之间的殊死搏斗。[8]

但这些不过都是科幻小说的情节，真实的科学到底会是怎么一番模样呢？当我接近人类起源展览的尾声时，高兴地看到一块触摸屏上显示着"未来人类"，似乎可以提供一些答案。我迫切地回答了一些问题，才发现这不过是个交互游戏，旨在通过呈现一些未来的假设场景，启发参观者思考自然选择如何发挥作用（比如"假设所有的陆地都在水下……你会拥有一双像鸭子一样蹼状的大脚，还是拥有像火烈鸟一样修长的双腿？"）。所以当我结束参观离开时，感到从中学到了许多有关我们演化的过去，但对于未来依然充满了好奇与疑问。

这些出现在展览最后一部分的异想天开的场景，似乎恰恰反映了许多科学家对于我们演化的未来不愿做出严肃思考的态度。2011年10月10日晚，我前往休斯敦参加了英国著名演化生物学家理查德·道金斯（Richard Dawkins）的一个公开演讲，对这种不情愿感到深深的震惊。对于几乎倾尽全部精力学习、研究和教授演化的我来说，能够亲眼目睹道金斯演讲的激动心情溢于言表。演讲中他推介了为孩子们写的新书，对于目前人类已知的这个世界如何运作进行了大量的解释。说完精心准备的结束语后，道金斯开始回答问题。在观众做出一系列的尖锐评论，试图将道金斯卷入与宗教相关的争论之中后，一位年轻的女士起身走向过道中央的话筒，提了一个非常简单的问题：我们还在演化吗？如果答案是肯定的，那么我们将演化成什么样？道金斯说这是他最常被问到的问题，但是他拒绝回答，因为作答意味着纯粹的猜想。

一方面，作为一名科学家，我非常理解道金斯不愿讨论没有实际数据的主题。我们接受的训练要求我们尽可能保持客观，并且只能根据已有的信息得出恰当的结论。猜想、推测以及对实验结果做出任何试图蒙混过关的解读都不是严肃的科学家应有的举动。道金斯的做法正是在履行一位负责任的科学家的职责。

但与此同时，我认为对于我们这个物种前进的方向，一定还是可以说些什么的。我们真的对人类演化的方向一无所知吗？有人寻找过现代人类演化的证据吗？如果人类仍在演化，我们真的对哪些历史趋势会继续，而哪些又与现代和未来世界无甚关系无话可说吗？

这些问题就构成了本书的基础。为了回答它们，我阅读了数百篇研究论文，参加研讨会，与从事相关研究的人类学家、生物学家、遗传学家、医生和心理学家们进行交谈，并前去拜访他们的办公室、实验室和考察地。我的研究方法是向这些专家询问，关于人类在自然选择和其他演化驱动力的作用下如何发生变化的这一问题，有哪些已经确定，未来又将怎样继续变化。我适当地运用了一些从其他物种那里得到的演化知识来阐明我们自己的状况。我尝试通过本书向大家展示我所学到的内容，并且清晰解释关于人类演化的未来可以做出哪些预测，而哪些又是我们力所不逮的问题。

就像即将看到的那样，我们生活在一个激动人心的时代。我们现在从生物学和历史学角度对自身的了解比以往任何时候都多，这使得我们相比以前可以更加清晰地凝望未来。但与此同时，我们也同样处于自己开发出的技术、医疗和交通的进步所带来的变化之中，我们对周围世界所产生的影响与日俱增，这意味着我们生活在一个未来与过去的相似之处越来越少的时代。我们的确已经成为一个奇怪的物种，但是我们的故事远没有结束。就像所有物种一样，智人依然在继续演化，因此可以得出一个非常肯定的结论：未来人类将与今天大不相同。

1

基因组学与微生物

2000年6月26日是科学界非常重要的一天。美国总统比尔·克林顿（Bill Clinton）在白宫东屋通过卫星连线英国首相托尼·布莱尔（Tony Blair）召开新闻发布会，即席的还有分别代表两种不同方法的科学家对手弗朗西斯·科林斯（Francis Collins）和J. 克雷格·文特尔（J. Craig Venter），他们将共同宣布绘制人类基因组详细图谱的重大研究项目完成。

科林斯由美国政府任命，作为这一由公众资助、解析人类全部遗传物质序列的宏大项目的带头人。人类基因组计划始于1990年，有来自6个国家20所研究机构的科学家共同参与，预计在15年内完成。随后，生物学家兼企业家J. 克雷格·文特尔于1998年宣布，计划成立一家名为赛莱拉基因组（Celera Genomics）的私人公司，运用一种全新——因而尚未被验证的测序技术在三年内完成同样的工作。

此后的竞争堪称现代科学史上最残酷的比拼。最终，两个研究团队达成一致，决定同时宣布他们的成果，并同步在科研杂志上正式发表研究论文。白宫的新闻发布会指出了这一成就的巨大前景。克林顿总统在发言中将人类基因组的第一幅图谱与开拓者刘易斯（Lewis）和克拉克（Clark）绘制出的第一张北美地图相提并论，并将人类基因组草图誉为“人类至今绘制出的最重要、最令人称奇的地图”。新闻报道更是称赞这一成果比肩人类登月或是原子核裂变。[1]

大多数公众对人类基因组计划的关注，主要集中于它可能给人类健康带来的革命性改变。但是解码人类基因组还有其他更多潜在的应用前景。基因组是所有遗传物质的总和，包含了个体全部的DNA序列：如同一本生物化学指导手册，讲述着如何建造生命体并维持其生存，无论是一棵橡树、一只蝴蝶，抑或是一个人。令人称奇的是，几乎在每一个细胞中都有一套完整的基因组。[2] DNA由两条相互平行的核苷酸长链组成，它们卷曲压缩形成染色体，从细胞核中发号施令指导细胞功能。每个人的染色体都来自其父母双方（一半来自母亲，另一半来自父亲），但并不完全相同。随着每个精子和卵细胞的形成，其中的染色体会发生互换，改变原有各部分的排列顺序，创造出新的嵌合体。这个重排过程产生了新的组合，使得每个孩子都不会太像双亲中的任何一方——尽管你的爱人可能会说你越来越像你的妈妈或爸爸。

由于现存物种的基因组都来自遗传，因此，基因组中也记录了该物种的历史。试想基因组就像一种古老的文本，每个继承者都对它略做修改，使其更适应当下的时间和环境。我们绝大多数的基因都可以追溯到大约6亿年前的前寒武纪，当时所有的生命都以单细胞形式生存在海洋中。[3] 不论是在我们的细胞中，还是在其他物种的细胞中，许多基因至今仍基本保持不变，对于保证生命最基本的运行发挥着必不可少的功能：比如负责指导形成细胞结构基础的细胞骨架基因，还有控制细胞分裂的基因等。

一般而言，任何与基因功能相关的DNA序列的改变都会对生物体造成这样或那样的影响。并且在大多数情况下，都是不好的改变。因为你很难在一本如此精细复杂的生命指导手册上做出一丁点改变而不搞砸，发生改变的很可能是对生物体而言非常重要的基因。这就是为什么研究人员们倾向于认为，功能基因上发生的绝大多数突变都是有害的。研究显示，75%的单个碱基改变都会在一定程度上降低存活率或繁殖数量。[4]

尽管我们的大多数基因出现得早于复杂生命的起源，但也有一些基因是我们一路走来不断拾起或慢慢改变后得到的，比如让我们可以呼吸氧气或是感知光线的基因。我们获得的最终版本的基因控制了我们机体的形成：身体的一端是头，另一端是肛门——真是谢天谢地。很久以后，我们得到了可以让毛发覆盖身体的基因，接着它们又发生改变让大部分的毛发消失不见。再近一些，我们还拥有了包括控制复杂思维模式和推理的基因变异，以及允许我们可以通过讲话或是如同你正在阅读的符号来与他人进行交流的基因版本。

事实上，我们的身体和基因是祖先曾经生活过的鲜活证明，因此解读人类基因组一定可以为了解演化的过去提供全新的见解。我们可以准确地找到自然选择是如何发挥作用的，并且知道哪个基因受到了影响；我们可以找到一些线索，破解到底是什么遗传变化使得我们不同于其他的灵长类近亲，以及到底是何时获得了它们；我们可以更加彻底地拼凑出我们的历史，远远超过曾经仅凭化石和人工制品可以达到的程度。

人类基因组测序技术在20世纪末取得了飞速进展。20世纪90年代中叶，我在伊利诺伊大学读本科期间曾在一个实验室工作，在结束了短暂的实验仪器清洗工作后，我就开始接受DNA测序的训练。我们使用的方法是1977年首次由英国生物化学家弗雷德·桑格（Fred Sanger）发明的桑格双脱氧链终止法（the dideoxy chain termination method），这一方法让他第二次获得了诺贝尔奖。[5] 桑格的方法涉及将一段DNA分子复制并粘贴到细菌当中，在培养皿中非常简单方便地扩增大量细菌的同时，获得大量拷贝的DNA。然后，我们便可以对大量的DNA进行分离、纯化和测序了。

读取DNA序列是最棘手的部分。我必须首先在两块长方形玻璃板之间制备一块非常薄的胶，玻璃板的顶部用一块极薄的塑料分开，其余三边则小心地用胶条封住以防泄漏。我将胶溶液放入微波炉加热，并沿顶部倒入两块玻璃板间的缝隙中，就像把果冻倒入模具一样，让它随着温度的下降逐渐固化。制胶过程中，难免会在某些部位形成一些小气泡，我会尽量小心地尝试将它们从胶的顶部推出；如果失败了，那这部分胶就不能再用。

接着，我就使用像注射器一样的移液器将已经经过链终止反应的DNA分子注射到胶顶部的狭窄通道里。再将胶竖直放置，顶部和底部均浸没在液体当中，使得电流可以通过整个装置。由于DNA是带负电的，因此DNA片段会被胶基底部的正电吸引，缓慢地从胶上通过。小的DNA片段会跑得稍快些，所以在几个小时后我关闭电源开关时，DNA片段已经根据它们的大小整齐地排列好了。把胶浸入一个含有放射性同位素的水槽中使其与DNA结合，这样，DNA片段在X光胶片上就会呈现出发光条带。因为每一纵列都对应四种核苷酸碱基的一种（腺嘌呤、胸腺嘧啶、鸟嘌呤、胞嘧啶），我的下一步工作就是简单地从胶的最底端开始向上记录哪一列出现了可见条带，从而确定碱基序列。这是项缓慢而单调的工作，也就足以说明为什么会训练本科生来做。

2000年我开始了研究生生涯，同年人类基因组的第一份草图宣布完成。那时，我曾经手动进行的桑格测序过程已经能由机器自动完成。作为一名研究生，我很幸运地加入了得克萨斯大学奥斯汀分校一个拥有一台这种机器的实验室。我们那台机器的型号是ABI 3100，也被称为毛细管测序仪，因为它用看上去像塑料意大利面的纤细管子取代了我曾用手灌制的笨重凝胶。每一根纤细的毛细管里都含有可以将DNA片段根据大小分离的凝胶，并用激光可读的荧光染料取代了危险的放射性同位素。核苷酸序列以数码形式被记录下来，可以方便地输出到与之相连的计算机上。

我们实验室的成员都将3100视为一个圣物。它拥有独立的房间，它的零件在每一次使用前后都需要仔细地清理。但是这些额外的小心，相比于使用3100读取出DNA序列的速度和效率，都是值得的。它可以一次分析96个样品，每个样品可以在一天之内被读取长达1,000个核苷酸的DNA片段。任何时候只要3100在运行，我们就知道研究正在进行，而这基本上就是我们实验室的常态 。

当然，就像我2000年左右所在的这个实验室一样，单个实验室即使装备再齐全，相比于那些参与人类基因组计划的主要研究所来讲都显得微不足道。在那些机构中，比如麻省理工学院（MIT）白头研究所（Whitehead Institute）的基因组研究中心或英国桑格研究所（Sanger Institute），有几十台这样的机器在同时运转。2000年7月，麻省理工学院新闻的一篇报道中就提到了“（人类基因组）项目联盟已经实现以每秒1,000个碱基对的速度产生原始序列——每周工作7天，每天24小时不停歇”。[6]

21世纪初DNA测序技术的出现，为我们从基因中获得革命性的发现提供了原始材料。这是人类首次有机会看到存在于我们基因组中的古老文本，并试图弄清诸如自然选择的演化之力是如何在几千年的时间里对它进行改变的。然而，现在仍需要找到恰当的统计工具，以便从序列中提取出相关信息。

博德研究所（Broad Institute）坐落于美国马萨诸塞州剑桥市,在该研究所玻璃和金属外观的崭新高层建筑的二层，帕迪斯·萨贝提（Pardis Sabeti）正站在一间拥挤的房间前介绍三位在她的指导下工作的研究人员。她个子矮小，长长的深色头发，戴着眼镜，穿着登山袜子却没有穿鞋。她说话很快，对实验室正在开展什么类型的研究进行了概括介绍，包括感染性疾病的遗传分析以及它们在人类演化中的作用。

在萨贝提的团队中不乏美国东北部最负盛名的临床和人口遗传学家，她向他们道歉，解释说自己实在太累了。那是2014年7月中旬，西非一场致死性埃博拉病毒的大爆发迫使她夜以继日地工作，她动用了自己以及合作者们在塞拉利昂和剑桥所拥有的一切资源提供援助。病毒自几个月前入侵塞拉利昂以来，已经造成该国将近200人死亡，她解释道。而更多的人则在医院中，出现了令人担忧的症状。在最近的爆发中，每五个表现出症状的人中就有四个因此丧命。包括护士在内的一些病人，就是在照顾其他患者时受到感染的，尽管他们还戴着防护装备。介绍结束时，萨贝提已经含泪，她感谢所有的合作者——其中一些已经因感染埃博拉病毒而去世。

13年前，当帕迪斯·萨贝提做出改变自己人生的决定时，她还是牛津大学的一名研究生。25岁的她已经成为学术界的超级明星——她在麻省理工学院学习生物学，是“美国优秀学者”的获得者，并以学术绩点满分的骄人成绩毕业。她获得罗德奖学金，资助她到牛津大学接受研究生教育，而在此之前她已经是一篇同行评议论文的第一作者。不过在那时，她的学术生涯并不十分确定。1979年伊朗发生革命之前，萨贝提的父亲一直为伊朗国王的政府部门工作，在她两岁时，举家逃离了伊朗。他们在美国获得了难民身份，但她更多的亲人则依旧颠沛流离，四处躲藏，不得不从一个州搬到另一个州。作为一个年轻女孩，她深深地迷恋着自然和动物，幻想有一天可以成为一名兽医或者卖花姑娘。

但是，作为一个经历过革命的孩子，萨贝提深知一份稳定的工作有多重要，因此充分发挥自己在数学方面的优势，计划成为一名医生。入选罗德学者为她的教育生涯带来了一些有趣的转变，萨贝提思索着如何充分利用受资助到英国最顶尖大学学习的两三年时间。生物人类学家雷克·沃德（Ryk Ward）很快注意到她，并且说服她攻读演化遗传学的博士学位。在沃德的指导下，萨贝提决定集中精力寻找疟疾这种致死性疾病在人类基因组中留下的蛛丝马迹，明确它在人类演化中所扮演的角色。

人群中有些人对疟疾存在天然的抵抗力，于是萨贝提对他们以及那些缺少天然抵抗力的人的特定DNA区段进行检测。

她发现了一种规律：在有天然抵抗力之人的DNA中，被测基因附近的多样性比没有抵抗力的人更低。萨贝提认为，这种差别可能与特定DNA区段存在的时长有关，从中也许就能得到一些与演化历史相关的线索。

萨贝提的直觉基于一个事实，那就是在产生精子或卵细胞的过程中，位于染色体不同部位的DNA可以发生交换。这种交换的结果就是，你沿着一条染色体的任何特定区域看下来，通常会发现这些区域极具多样性。然而她在拥有疟疾抵抗力的人群中发现的低多样性规律则表明，他们的DNA还没有太多时间发生交换，提示这段DNA序列是相对较新的。由于低可变性的序列出现在大量个体当中，而他们中的每一个个体都具有对疟疾的天然抵抗力，也就意味着该序列很可能与阻断疟疾感染有关。并且这段序列在几代之后变得更加常见，说明这是自然选择的结果。

从某种意义上讲，确实存在着自然选择。在任何人群中，都有一些个体经历了这样或那样的原因，比其他人拥有更多的后代。留下最多后代的个体就对下一代的基因做出了最大的贡献，因此某些基因及其编码的相关性状就会变得越来越常见。任何可以直接或间接对产生更多后代构成影响的基因都受到自然选择的青睐。就像对疟疾的抵抗力一样，如果某一特定性状连续多代被自然选择所偏爱，那么就会有越来越多的个体拥有这种有益性状，使得整个人群可以更好地适应当地环境。

萨贝提建立了一个数学模型来描述她从DNA序列数据中观察到的现象，同时也用于在基因组中寻找其他具有相似规律的区域。萨贝提的方法——亦被称为长单倍型分析法（long-range haplotype test）成功筛选出两个不同的基因，它们似乎都经历了最近对疟疾的自然选择。[7] 对于这两个基因，使用那些已有的工具都无法探测到，而萨贝提的方法是针对寻找更深层次的自然选择信号而设计的，也就进一步证明了对于这些基因变异体的自然选择发生在近期。

疟疾可能对最近人类演化十分重要的想法可以追溯到20世纪中叶，更准确地说是1949年，刚刚大学毕业的安东尼·克利福德·艾利森（Anthony Clifford Allison）在肯尼亚收集血液样本的时候。[8] 艾利森出生于南非，但在肯尼亚长大，从他家的农场可以俯瞰东非大裂谷。他从孩童时期就对自然和人类学产生了浓厚的兴趣。有一次他在附近挖掘，偶遇著名的古人类学家路易斯·利基（Louis Leakey），之后又阅读了达尔文的著作，这一切都促使他决心投身人类演化和遗传学，去探索自己的兴趣。艾利森在南非上了大学，接着去牛津读了医学院，1949年登记参加了一项将他带回童年家乡的研究考察。

当他的众多同事都在肯尼亚的中心高地采集植物和昆虫标本的时候，艾利森踏遍整个国家去采集人类血液样本。他发现镰刀形红细胞这种血液性状在本土居民的不同人群中出现频率不同。[9] 在距离海港和维多利亚湖较近的地势较低区域，人群中超过20%出现了镰刀形红细胞的性状，而在高海拔地区频率则低于1%。这一分布特点与文化或语言的差异并不对应，但艾利森发现，它与疟疾的患病率具有相关性。

不同于正常的红细胞呈上下两面向中心凹陷的圆盘状，镰刀形红细胞疾病患者的红细胞呈新月形，末端是尖的。这种疾病首次发现于芝加哥的一名非裔美国人，后续的研究工作发现，在非裔美国人人群中的发病率约为8%。艾利森发现，在肯尼亚的部分地区，将近五分之一的人有镰刀形红细胞，考虑到该性状最严重的情况通常会致命，这一数据无疑相当惊人。

就在艾利森在肯尼亚收集血液样本的同一年，有两篇称镰刀形红细胞贫血症可遗传的研究论文发表了。后续的其他研究工作揭示，导致镰状细胞的基因编码了血红蛋白。由于血红蛋白中包含铁元素，因此红细胞呈红色。它可以结合空气中的氧气，并将其传输到全身各处。编码基因仅仅在一个DNA碱基位点从腺嘌呤突变为胸腺嘧啶，便能造成血红蛋白结构发生改变，进而使整个红细胞镰变。由于我们从母亲和父亲那里分别继承了一份基因拷贝，所以对于任何基因，每个人的基因组中都有两个版本，或者说两个等位基因。有时从双亲那里获得的等位基因是完全相同的，但也可以有所区别。拥有两个镰状细胞的等位基因就会导致出现致命性的镰刀形红细胞贫血。而拥有一个镰状细胞等位基因和一个正常血红蛋白等位基因则意味着虽不会饱受镰刀形红细胞贫血症的各种严重症状的困扰，但在氧气水平降低的特定环境下还是可能出现一些症状，比如在从事重度体力活动的时候。

艾利森推测那些仅携带一个镰状细胞等位基因拷贝的人—— 即遗传学家所谓的杂合子，可能对疟疾有一定的抵抗力。但他的假设很多年后才得以证实。[10] 艾利森回到肯尼亚，充分利用一家药物公司正通过感染了恶性疟原虫（*Plasmodium falciparum*）的志愿者开展抗疟药物治疗试验的契机，继续他的研究工作，而这种寄生虫正是最致命疟疾类型的罪魁祸首。正常情况下，疟原虫通过蚊子叮咬进入血液，首先到达肝脏，对红细胞展开攻击，此后迅速增殖，并从红细胞中喷涌而出，使患者出现发烧等症状。艾利森在试验中发现，相比其他患者，来自镰状细胞杂合子志愿者的血液中含有恶性疟原虫的水平更低。但是，这个试验并非无懈可击，由于参与的志愿者均是成年人，因而很有可能在儿时便接触过疟疾，已经产生了一定的免疫力。为了进一步明确杂合子是否天然对恶性疟原虫有更低的感染率，艾利森前往乌干达，陪同一名政府医疗工作者来到每周一次的集市上收集当地孩子们的血液样本。事实证明，镰状细胞杂合子基因型的孩子们体内寄生虫计数更低，更重要的是，他们出现高水平恶性疟原虫感染的可能性也低得多。

后续的研究为艾利森的假设提供了更多的证据支持，并且这种存在于镰状细胞与疟疾历史发病率之间的相关性可以扩展到整个撒哈拉以南的非洲和地中海地区，以及中东和亚洲热带地区。在历史上曾出现过由恶性疟原虫导致疟疾肆虐的地区，携带一个镰状细胞等位基因者相较于没有或有两个等位基因的人留下了更多后代。事实上，在这些地区携带镰状细胞等位基因的杂合子活到成年的可能性，要比拥有两个正常血红蛋白等位基因的孩子高出约26%。这就成了有害的遗传疾病可以因为杂合子优势而得以在人群中保存下来的首个明确例证，同时也为自然选择在20世纪人类群体中依然发挥作用提供了有力证据。[11]

疟疾之所以会在人类演化中持续发挥作用，正是由于它的普遍性和强致死性，尤其对于儿童和怀孕的妇女。尽管有关预防和治疗疟疾感染的药物还在不断研发，全世界范围内每年仍有近2,000万病例，约60万人会因疟疾死亡。[12] 非洲至今仍是发病率最高的地区，平均每分钟就有一个孩子死于此病。

在这些区域，自然选择更倾向于任何与镰状细胞相似、可以干扰疟原虫生活周期的性状。由于疟原虫必须在寄主的红细胞中完成增殖过程，因此许多自然选择偏爱的性状都会影响到血细胞，使得寄生虫丧失了舒适的生存环境。地中海贫血就是其中一例，那些患者的血红蛋白会出现问题。类似的是，如果缺乏G6PD这种在红细胞排毒中非常重要的蛋白质，同样可以对疟疾产生天然的抵抗力。[13] 而G6PD基因正是帕迪斯·萨贝提用来测试自己开发出的在基因组中探测自然选择的新方法的首个例子。

萨贝提在完成了疟疾作为自然选择的媒介对人类发挥作用的论文后，返回美国进入哈佛大学医学院学习医学，哈佛校史上仅有三位获得最高荣誉（summa cum laude）的女性，萨贝提就是其中之一。2008年，萨贝提成为哈佛大学的一名助理教授，并开始建立自己的研究团队，主要从事感染性疾病影响近期人类演化的研究。基于她首创的长单倍型分析和其他人开发的方法，她的团队开发出一种新型检测方法，从基因组数据中寻找自然选择信号，并将其应用于西非约鲁巴人的基因组数据。萨贝提和同事们发现，基因组中处于选择压力下的头号候选区域是一个称为*LARGE*的基因。正常情况下，*LARGE*影响细胞与其周围环境相互作用的能力，但与此同时，还可以调节一种致命性病毒进入人类细胞的能力。[14]

这里讨论的病毒就是在西非导致地区性流行并且非常凶险的拉沙出血热（Lassa hemorrhagic fever，下称拉沙热）的始作俑者。在一些国家，每五个人中就有一个曾接触过这种病毒。尽管每年都有数以千计的患者死亡，但90%的西非人与其接触后并不会出现任何症状。萨贝提与尼日利亚的研究者合作，在约鲁巴人的基因组中发现了几个区域，刚好符合自然选择对拉沙热产生抵抗力的特点。他们的数据显示，在那些拉沙热流行的地区，携带有抵抗力等位基因者相较于没有携带的人，寿命可能更长，因此拥有更多机会留下子嗣。[15]

项目进一步扩展到了塞拉利昂，当地医生谢赫·奥马尔·肯（Sheik Umar Khan）在凯内马政府医院建立了一个特殊病房，专门负责诊断和收治拉沙热患者。但在2014年5月25日，当这个拉沙热门诊收治了塞拉利昂第一例埃博拉病毒感染病例后，整个团队的工作就不得不中断了。埃博拉病毒跨越国境，从邻国几内亚传入——正是几个月前西非埃博拉开始流行的地方。整个团队立即将拉沙热的相关工作暂时搁置，参与到危机的救助中来。[16] 除了尽其所能提供一些供给、唤起国际社会的关注以外，团队开始从凯内马政府医院拉沙热病房收治的病人们身上收集样本。他们不仅利用当地的技术手段来确诊新的埃博拉病例，还将样本带回萨贝提位于剑桥的实验室对病毒的基因组进行测序，尽其所能为这场突如其来的疫情暴发提供所能获得的信息。

2014年8月28日，萨贝提和同事发表了从78名患者体内得到的99株埃博拉病毒基因组首次测序分析的结果，由此细致地追踪了此次爆发的历史，并且对可能的源头精确定位。[17] 塞拉利昂出现的大爆发仅在该国就已经导致超过200例患者死亡，整个区域的则还要多出几百例。而当萨贝提团队的论文发表时，包括带领塞拉利昂攻克拉沙热和埃博拉的肯医生在内的五位共同作者都感染了埃博拉病毒，最终失去了生命。

更令人伤心的是，爆发仅仅是一切的开端。到了9月中旬，感染率仍在持续上升，塞拉利昂与埃博拉有关的死亡病例超过562例，而三个受波及的西非国家病例总数达2,500例之多。9

月18日，联合国安理会宣布，这次流行是“对全世界和平与安全的威胁”。次日，托马斯·埃里克·邓肯（Thomas Eric Duncan）登上了从利比里亚飞往布鲁塞尔的飞机，接着又到了美国。到达达拉斯几天后，他陆续出现了发烧和呕吐症状。虽然最终被收治入院，却再没能走出医院。对他进行治疗的两名护士也受到感染，但存活了下来。在西班牙，一名护士因治疗两名在西非感染埃博拉病毒的传教士而被传染。护士得以幸存，但对两名传教士无力回天。截至2014年底，全球因感染埃博拉病毒死亡的人数接近8,000。一年之后，在造成超过28,600例感染和11,316例死亡后，这场爆发终于结束了。[18]

尽管通过扫描整个人类基因组来寻找自然选择的信号依然是一种相对新兴的手段，但萨贝提以及其他研究者开发出的技术都表明，感染性疾病作为最重要的因素之一，对我们的演化史产生了极大的影响。如今，一些仍具影响力的疾病，事实上已是伴随我们千年的老对手。比如，疟疾感染并导致人类死亡的历史就至少可以追溯到160,000年前，也就是我们这个物种刚起源时。[19] 我们的祖先在50,000年前走出非洲，随着接触不同的环境——不仅仅是气候、植物和动物，还有微生物——而出现了其他的感染性疾病，这一点在我们的演化史中可谓前所未有。

农业和动物驯养的发展产生了双重效果。一方面它们促进人口密度增加，使疾病的传播变得更加容易，与此同时也让人们接触到了一些曾经只在驯养动物的祖先身上发现的微生物。事实上，绝大多数（约60%）的现代感染性疾病都是病毒、细菌、真菌或原生动物从感染动物转变为感染人类的结果。[20] 我们从牛羊那里感染炭疽热；从鸟类、猪和马那里感染流感；从狗身上感染狂犬病——还有约200种其他微生物跨越了物种界限，开始感染人类。

许多因感染自动物而得名的动物源性疾病，正是我们这个物种最近一万年间一直在对抗的灾难。例如黑死病和流感等疾病的周期性爆发，会造成很大一部分人口死亡。而像结核病等疾病，感染人类的历史更长，几乎已经成为永恒的存在。意料之中的是，这些疾病连续多代对生存率以及生育率产生影响，而自然选择则通过引起一系列演化适应来与之对抗。因此，帕迪斯·萨贝提等研究者的探索才刚刚开始。[21]

包括埃博拉和艾滋病（AIDS）在内的许多感染性疾病都相对较新。病毒、细菌和其他微生物一直在更换宿主，有时它们的新宿主就是人类。预计到2050年，全球人口数量将达到90亿。作为一个如此巨大的群体，我们自然就成了那些为生存而持续寻找新宿主的致病微生物首要攻击的目标。自1940年以来，有大约400种新型疾病开始感染人类。[22] 随着人口进一步增长，我们甚至会成为不断涌现的感染性疾病攻击的更大目标。作为社会性生物，人与人之间不断互动的同时也在传递微生物。此外，科学技术使得我们可以比任何大型生物都更好地在整个地球上移动，也就意味着我们散播疾病的能力是无可匹敌的。相比于1918年花了三年时间传遍全球的致命性流感大流行，2009年由一株新型流感病毒H1N1造成的大爆发仅在三周内就随着国际航班的航线抵达了四块不同的大陆。[23]

因此，我想传达的最重要的信息，就是我们正在进入一个随时都要面对新型感染性疾病挑战的时代。那么它们中的哪些会像曾经在历史中扮演过的角色那样，成为自然选择的作用者？这一定程度上取决于那些疾病如何影响我们的生存和生育。对于生活在更发达地区的人们，感染性疾病已经不再是导致死亡的首要原因。疫苗和抗生素，以及医疗的进步和卫生条件的改善，使得天花、白喉和结核病等在20世纪的西方国家几近根除。感染性疾病已经被心血管疾病、癌症、糖尿病等非传染性疾病所取代，成为更发达地区人群中最常见的死因。[24]

但在这个世界上，仍有约83%的人口生活在欠发达地区，感染性疾病依然是主要问题。下呼吸道感染、HIV/AIDS、腹泻性疾病是这些地区的主要死因，若是加上疟疾和结核病，那么三分之一的死亡人数均可归因于以上这些。[25] 其中高达40%的死亡病例是不满15岁的孩子，而在更发达地区同年龄组只占总死亡人数的1%。由于这些疾病造成了太多死亡，尤其是在孩子当中，自然选择便倾向于支持任何可能的天然抵抗力。

更糟糕的是，在这场与微生物的对抗中，我们的主力武器中有相当一部分很快就失去了战斗力。我们在不知不觉间进入了一场不断升级的军备竞赛，而我们的敌人却拥有先天的优势。当我们使用抗生素后，细菌在自然选择的强烈作用下不断演化出抗药性，比如耐甲氧西林的金黄色葡萄球菌（methicillin-resistant *Staphylococcus aureus*或叫MRSA），就是一种非常危险并且正变得日趋常见的感染源。微生物的优势在于演化出耐药性的速度远远超过我们开发新药的速度，这得益于它们很短的代间时间，有的可能仅需30分钟。[26] 一周内，像MRSA这样的细菌繁殖的代数就可以赶上人类自农耕文明开始以来的代数。我们根本追不上。

随着我们继续解密人类基因组中的古老文本，其中一条需要注意的重要信息就是，使我们生病的微小生物绝不仅仅会造成偶然的破坏或带来一过性的麻烦。感染性疾病是我们演化历史中最重要的驱动力，并且我们有充分的理由相信，它们在我们这个物种未来的演化中依然发挥举足轻重的作用。

2

大数据

莱斯特是位于伦敦以北约160公里的英格兰米德兰兹区的一个低调城市，对于演化生物学的起源非常重要。1844年，在位于惠灵顿街的力学研究所图书馆里，一位名叫艾尔弗雷德·拉塞尔·华莱士（Alfred Russel Wallace）的年轻老师遇到了另一位名叫亨利·沃尔特·贝茨（Henry Walter Bates）的年轻男人。两人都热衷于自然志——贝茨是一位狂热的蝴蝶和甲虫收藏者，而华莱士则热爱植物学。贝茨向华莱士介绍了在附近就可以收集到的、多样性丰富得令人难以置信的昆虫，于是两人就开始结伴在英国乡间进行一些短途的收集旅行。几年之后的1848年，他们一同踏上了一次更具雄心壮志的考察之旅——深入巴西的亚马孙热带雨林。华莱士在那里待了四年才返回英国，归途中他乘坐的那艘满载着大量珍贵标本的船沉没了，他侥幸死里逃生。但是不久以后，他再次踏上了另一片充满异国情调的热带地区——位于东南亚的马来群岛。[1]

华莱士继续收集大量的动物样本，并在英国售卖用以维持生计。对这些样本的观察使他产生了一个关于物种如何随着时间改变的理论。尽管华莱士从返回英国后就开始对最基本的设想进行深思熟虑，但他是在特尔纳特岛上因为疟疾诱发高烧而饱受煎熬时忽然有了关键的突破。

华莱士在包括南美和东南亚等在内的不同地方收集了大量相同物种的样本后，他注意到个体间存在着非常细微的身体差别。他猜想也许正是这些差别影响了它们生存和繁殖的能力，使得有的形式在许多代以后得以保留，而另一些则逐渐消失。如果他的猜想正确，就解释了物种是如何逐渐改变的，以及不同地方的群体如何随着不同性状的积累而出现演化上的趋异。

由于华莱士非常渴望知道他的理论能否经得起严肃科学的审慎推敲，因此写了一封信给声名显赫的查尔斯·达尔文，在信中阐述了他的想法。达尔文读到这封信后，很快便意识到这位名不见经传的收藏家独立地思考出了与自己相同，并且自己已为之奋斗近20年的理论——一个有关自然选择演化的理论。就像华莱士一样，达尔文同样是通过仔细观察收集来自世界各个遥远角落的大量样本后得出的结论。然而，与华莱士不同的是，达尔文已经为了理论细节夜以继日地工作了许多年，通过实验和寻找例证来阐明他想要表述的概念，并最终将理论公之于众。[2] 华莱士的来信加快了达尔文采取行动的步伐。为了向华莱士的想法表达感谢，同时避免论文被别人抢先发表，达尔文让一位同事在久负盛名的林奈学会（Linnaean Society）上报告了这个想法，并两人共同署名发表文章。第二年，达尔文又出版了《物种起源》一书，在书中他不仅对理论进行了更加详细的阐述，同时还提供了收集到的大量证据。自此，演化生物学这一领域诞生了，达尔文——在一个相对次要的程度上还有华莱士——被誉为该学科的奠基者。

2014年4月，在莱斯特距离华莱士第一次见到贝茨的图书馆仅仅数千米外的地方，众多人类演化遗传学领域的顶级科学家聚集一堂，对基因组学为人类演化史所提供的信息展开辩论和讨论。在研讨会上以及会后的茶歇时间里，科学家们针对最新的DNA基因分型技术、分析基因组数据使用的统计学方法，以及这些信息究竟对我们这个物种的历史意味着什么深入地交换了意见。

这个领域已经取得了巨大进展，对于我们演化的过去，那些华莱士和达尔文难以想象的问题，现在都有可能一一揭开谜底。人类基因组项目的完成标志着后基因组时代黎明的到来，但单个人类基因组测序才刚刚拉开帷幕。在21世纪第一个十年中，DNA测序技术迅猛发展，其速率甚至已经超过以指数型增长著称的计算技术行业。[3] 结果就如会议的一位组织者所描述，“形成了数据海啸”。截至2015年，约250,000个完整的人类基因组测序完成，而这一数字依然在飞速增加。数量如此庞大的信息，就是现在为世人所熟知的大数据，已经无法再用传统的方法储存和分析。事实上，每天产生基因组数据的数量每7个月就能翻倍，速度甚至将当前大数据产生的领头羊、社交媒体网站YouTube甩在了后面。[4] 到2025年，我们可能已经完成了20亿例个体人类基因组的测序，约占那时全球预计总人口数量的四分之一。

如此飞速的增长，一部分要归功于技术的发展使得测序花销的降低。来自欧洲生物信息研究所（European Bioinformatics

Institute）的尤安·伯尼（Ewan Birney）向与会者们指出，2003年对整个人类基因组测序的费用基本等同于伦敦一套最昂贵的房子的价格。而十年之后，测序同样基因组的价格与一家人观看当地足球队比赛的季票基本持平。伯尼预计，五年内价格会进一步下降，也许到时只需支付一家人一顿晚餐的钱即可完成。

另一个因素就是新型测序技术的发展。那种应用于产生第一个人类基因组序列的方法，也就是我曾在本科时学到的桑格测序法，自2005年开始便在很大程度上被下一代测序技术所取代。其中最主要的突破就是鸟枪法的使用，即基因组DNA被分解成许多小的片段，使机器可以同时读取大量片段而不必再逐一进行。很快，更多不同的下一代测序方法涌现出来，测定一个基因组所需的时间和价格也开始直线下降。在这次大会上，一位来自下一代测序仪生产龙头企业的代表非常自豪地宣布了一项万众期待的技术成果：目前已经具备仅花费1,000美元就能测定完整人类基因组序列的能力。

能够以低廉的价格对整个基因组测序，这使得对更多个体进行测序成为可能，与此同时，也为从更大数量级上观察人类遗传的多样性带来了全新的契机。在21世纪第一个十年中，就有若干个类似项目已经启动，包括人类基因组单体型图计划（HapMap）、基因地理工程（Genographic Project）和千人基因组计划（1,000 Genome）等，它们都旨在收集拥有多种不同种族、语言以及文化多样性的人类基因组信息。[5]

然而，在这些研究项目得到的诸多结论中，有一个或多或少与我们的直觉相反，即作为一个物种，人类从遗传角度来看并不是非常多样化。这一结果令人颇为惊讶，因为一般来讲，更大的群体应该比相对较小的群体具有更高的多样性。任何一个个体都可能产生一个突变，为整个群体基因库带来一些新的东西。智人作为拥有超过70亿个体的群体，在我们的想象中应该极具遗传多样性，但事实上，我们基因组中所蕴含的多样性远不及那些与我们亲缘关系最近的灵长类亲戚。

在莱斯特会议的一个报告中，西班牙演化遗传学家托马斯·马克斯–博内特（Tomas Marques-Bonet）通过对比人类和其他类人猿的基因组多样性，清晰地阐述了这一观点。通过比较单核苷酸多态性（single nucleotide polymorphism，即不同个体基因组中由单个核苷酸产生的差别，比如一个腺嘌呤替换掉了胞嘧啶），马克斯–博内特和同事们发现，人类基因组的多样性在众多猿类中排在最低的位置。包括黑猩猩、西部低地大猩猩在内的几个猿类种群，特别是红毛猩猩，拥有的遗传多样性全部远远超过人类，尽管它们的种群数量小于我们的一万分之一。[6] 事实上，仅仅对79个类人猿基因组测序所得到的单核苷酸多态性的数目，就已经是一千多个人类基因组中多态性数目的两倍有余。

猿类尽管种群数目很小，却拥有很高的遗传多样性，研究者认为这是因为它们的种群数目曾经大得多，但最近在显著下降。其中一些种群，比如象牙海岸的西非黑猩猩，据估计仅20年内数量就已经骤然下降了75%，很大程度上是因为栖息地的消失和非法捕猎。对类人猿已经很小的种群数量来说，至今依旧存在的威胁意味着它们目前已被认定为濒危或极危物种。[7]

对人类来讲，情况却恰好相反。我们的种群数量曾经很小，但后来呈指数型增长。对过去几千年全球人口总数进行估计，可以作图得到一条经典的J型曲线。从公元元年开始，那时的人口总数低于20亿，此后人类群体花了1,200年让人口数量翻倍。但是接下来的500年内又翻了一倍，接着150年、70年……从1960年到1999年，仅仅用了39年人口就再次翻番。截至2016年，全球总人口数量已经超过70亿，预计在2050年将达到90亿。[8]

来自英国的遗传学家理查德·迪尔邦（Richard Durban）在莱斯特会议上提醒与会者：人类的遗传多样性同样因抽样群体的不同而存在差异。人类基因组单体型图计划和千人基因组计划的数据均显示，人类群体中最具遗传多样性的是非洲人，并且作为一个普遍规律，人群距离非洲越远，其基因组中含有的多样性就越低。这一特点与考古学证据吻合：智人在大约50,000年前离开非洲，逐渐扩散到中东、欧洲、亚洲和澳大利亚，最终抵达美洲和遥远的太平洋群岛。

这些开拓者们冒险进入未知的地域，面临着全新的环境和无法预计的种种障碍。自然选择帮助他们更好地适应周围的环境，包括在不同区域会遭遇的种种感染性疾病。处于人类扩张最前沿的往往只是一小群移居者，他们也许只是在寻找新的猎物或者仅仅为了躲避敌人。可能有许多移居者并没有成功，所以没有留下后代。然而，那些为数不多的幸存者开始建立起新的种群，数量逐渐增多，而他们的一部分后代也将继续建立新的种群，如此世代更迭。遗传学家将其描述为串行瓶颈模式（serial bottleneck pattern），这在人类基因组中留下了极具特点的标签。每一个新的种群都是之前种群的一个子集，从而多样性在新的种群中逐渐降低。当人们到达南美洲的最南端时，他们只携带了很小一部分原本存在于非洲祖先基因组中的遗传多样性。

遗传多样性对于演化至关重要，因为它们为自然选择提供了最原始的材料。一个种群的多样性越大，对自然选择做出反应的潜能就越大。而当没有任何多样性可言时，演化力的选择就会变得苍白无力。种群数量也同样十分重要，因为它往往与遗传多样性相关，但就像之前提到的人类和类人猿的例子所指出的，这种相关关系并不绝对。不过，种群大小与多样性密切相关还有另外一个原因，就是它们与另一股演化改变的力量相关，那股力量一直很神秘，常常被误解，并且很可能是塑造当今我们这个物种基因组多样性的原因。但是直到达尔文和华莱士发现自然选择将近一百年后，生物学家们才意识到它的重要性。

第二次世界大战期间，生活在日本的青少年木村资生（Motoo Kimura）发现了他在学校最喜欢的两个科目——植物学和数学之间的联系。[9] 他对植物的热爱源自他的父亲——一位对花卉充满激情的商人。数学则纯属偶然，当时木村资生的一个弟弟死于严重的食物中毒爆发，放学后他被强制待在家里，偶然读到一本几何书后对数学产生了浓厚的兴趣。高中时，一门由植物学家讲授、将统计学应用于生物学的课程令资生意识到，同时追求两门热爱的学科完全可行。

1953年，资生乘坐第二次世界大战后仅存的一艘日本客船前往美国，成为爱荷华州立大学（Iowa State University）的一名研究生。不久后，他转学到了威斯康辛大学（University of Wisconsin System），在那里结识了他的一位偶像，伟大的群体遗传学家休厄尔·赖特（Sewall Wright）。赖特与罗纳德·费希尔（Ronald Fisher）、J. B. S. 霍尔丹（J. B. S. Haldane）一起基于遗传机制的发现创建了群体遗传学领域，并与华莱士和达尔文的理论相结合，为演化生物学这一现代学科奠定了基础。

作为一名研究生，资生在1955年有关群体遗传学的冷泉港会议（Cold Spring Harbor Symposium）上做了报告，在座的听众包括众多当时的顶尖生物学家，其中就有他的偶像休厄尔·赖特，还有西奥多修斯·杜布赞斯基和厄恩斯特·迈尔。在前一年相同的会议上，安东尼·艾利森报告了有关镰状细胞性状可以提供抗疟疾保护的证据。再之前的一年（1953年），詹姆斯·沃森（James Watson）和弗朗西斯·克里克（Francis Crick）汇报了他们的DNA结构模型。毋庸置疑，这个会议极具分量。

据当时同样在场的资生的博士导师说，木村资生在冷泉港的报告非常难理解，一方面因为其中数学的复杂性，另一方面源于他浓重的日本口音。[10] 然而，当他的演讲结束后，赖特起身祝贺他的“伟大成果”。对一个一直对赖特的工作充满敬仰的年轻群体遗传学家来说，这简直像跳投得到了勒布朗·詹姆斯①的称赞一样。

但是不久之后木村资生就提出了一个观点，使他几乎与他那些知名的演化生物学家偶像们——赖特、霍尔丹和费希尔——齐名。他运用数学论证了，发生在哺乳动物身上的突变率比理论预测值要高。[11] 在这篇发表于《自然》（*Nature*）杂志的文章中，他总结指出，对此现象的唯一解释就是绝大多数突变的产生并不受自然选择的影响，因为它们对生物的生存和

① 勒布朗·詹姆斯（LeBron James），美国职业篮球运动员，被视为NBA有史以来最全能的球员之一。——编者注

繁殖并不构成显著的影响。木村资生提出了另一种被称为遗传漂变（genetic drift）的机制，认为这才是影响DNA演化的最主要力量。

事实上，遗传漂变的概念并非完全崭新，休厄尔·赖特于1931年首次对它进行了描述。但在1968年木村资生发表论文之前，绝大多数专家，包括赖特本人在内，都认为漂变主要对很小的种群发挥作用。[12] 在大多数情况下，自然选择仍作为影响演化改变的首要力量。

木村资生提出的分子演化的中性理论在同事中掀起了一阵旋风，他本人也几乎倾尽余生来捍卫这一观点。究竟哪种力量对人类演化更重要——到底是漂变还是选择？相关争论成了莱斯特会议中心外大家茶余饭后热议的话题。然而，木村资生提出的最基本设想成了任何现有分子数据必须验证的默认假设，即除非数据具有强大的说服力表明它们是经过选择的，否则基因演化将默认为中性。

然而对于遗传漂变，最棘手的部分就是它的影响是随机的，这就使得它难以预测。赖特曾经认为，在一个小的种群中偶发事件的作用会被放大，也就意味着漂变可能产生比自然选择更大的影响。那些古老的人类先锋在开拓新的领地时就受到了遗传漂变的影响，因为他们的人数真的很少。而成为新种群建立者的少数人偶然地带有了一系列与他们远在家乡的亲属不同的基因。随着种群数量逐渐增大，其中一些基因组合变得愈加常见，但这并不是因为它们能够帮助这群人更好地适应环境，而仅仅因为刚好出现在种群建立者的基因组当中。你可以将不断扩张的人类种群最前沿想象成一道扫过大地的波浪，那些在浪尖的人，其体内变得越来越常见的基因组合就产生了种群遗传学家们定义的基因冲浪（gene surfing）。[13]

在现代人类种群中，许多最常见的基因很可能就是其中的冲浪者。然而人类演化遗传学家被一个问题深深困扰，即种群大小的波动会使得漂变和冲浪在人类基因组中留下的标记看上去跟自然选择留下的线索惊人地相似。[14] 即使在一个像我们一样的大种群中，那些拥有更多后代的家族中碰巧产生的基因变异，可能与功能并无关系，仅仅因为漂变而变得更加常见。那些类似帕迪斯·萨贝提所开发的用来探测基因组中经历选择的工具，起初发现很多基因都是在一个人类种群中比在另一个中更常见。它们中的一部分看上去是非常好的自然选择候选者，但对其中一些进行更仔细的分析后才发现，至少还有可能是随机漂变造成的。

2005年9月发表的两篇极其吊人胃口的论文就是这样的例子，论文中称两个调控大脑尺寸的基因*microcephalin*和*ASPM*似乎在最近受到了自然选择。[15] 这两个基因出现缺陷都会造成小头症（microcephaly），患者的大脑无法发育到正常尺寸，导致智力障碍。基于人类大脑比黑猩猩和其他猿类的大得多的事实，科学家们开始寻找可能使我们祖先大脑变大的基因，*microcephalin*和*ASPM*自然成为候选。当科学家们对人类、猿类以及猴子的这些基因进行比对时，发现人类的序列表现出与自然选择相一致的信号，同时一些特别版本在某些人类种群，尤其是欧洲人中更为常见。他们通过一个种群遗传的数学模型来估计这些*microcephalin*和*ASPM*的特别版本于何时进入基因组，结果发现它们竟都出乎意料的年轻——分别是37,000年前和5,800年前。如此年轻的基因和种群水平的差异使作者得出结论：它们一定经过了倾向于更大大脑的自然选择。

然而不幸的是，作者并没有完全排除可以解释其数据的其他可能，比如遗传漂变，还有描述种群在地理上是如何构成以及如何随着时间扩张和缩小对人口统计学历史的影响的。此外，其他研究者通过使用其他技术做出的后续研究并没有找到任何有关自然选择的证据，提示人口统计学和漂变很可能才是导致这一现象出现的根本原因。同样不幸的是，尽管作者从未在原始文章中明确表达，但看上去似乎就是在暗示*microcephalin*和*ASPM*与智力有着或多或少的关系，正是这个最近才发生并且仍在进行的选择造成了欧洲人与非洲人平均智力上的差异。后续研究却没有发现任何证据能够证明两者之间存在联系。[16]

事实上，类似错误的开始在科学界是很常见的，尤其对一个像演化遗传学这样进展迅速的领域来说。试图从遗传学角度理解人类大脑的演化是尤其困难的，但目前我们也已经获得了一些可靠的信息。比如现在知道，当我们与黑猩猩从共同的祖先趋异演化后，一个叫作*SRGAP2*的基因经过了一系列复制。可以把这一过程想象成对一个基因进行拷贝，然后粘贴到基因组其他新的地方。这些新的拷贝如今在大脑形成时生成彼此相互作用的蛋白质，使得人脑相较于其他物种的神经元更加密集，神经元之间产生更多连接，很可能我们正是因此而拥有了更加强大的认知能力。另一个很有意思的基因就是*FOXP2*，它在人体内影响语言功能，但也同样存在于猿类和其他哺乳动物中。在智人以及我们已经灭绝的近亲尼安德特人和丹尼索瓦人（Denisovans）中，这一基因编码相同的蛋白质。但在黑猩猩中，同一基因的序列存在微小差别，导致编码的蛋白质与人类版本存在两个氨基酸的差异。然而正是这毫厘之差，结合符合自然选择的DNA变化模式（而不是遗传漂变或基因冲浪），提示*FOXP2*可能与我们独特的语言能力演化有关。当然，该过程也涉及了许多其他基因的作用。[17]

尽管最近发生以及仍在继续的演化对大脑产生的影响会在未来的研究中得到进一步阐明，我们已经对自然选择如何塑造身体的其他部分有了很多了解。以皮肤为例，虽然肤色在人群中存在很大差异，但变化并非随机。自几百年前开始，随着洲际交通工具的产生和时至今日依旧持续的发展，世界人口在地球上进行了重新分布。然而在这种改变发生之前，全球的人类肤色差异与到达地球表面的紫外线强度间存在着密切的相关性。人类学家尼娜·雅布隆斯基（Nina Jablonski）对此进行了深入研究，相信这绝非巧合。她认为，人类有获得阳光中的紫外线辐射以及生殖能力的需求，而肤色正是这两种彼此矛盾的需求间相互妥协演化产生的结果。[18]

过度的紫外线照射是非常危险的。能够证明过度暴露在阳光下有害的两个最显而易见的例子就是晒伤和皮肤癌。与我们的猿类近亲相比，人类覆盖身体的毛发更少，因此增加了受到阳光直射的皮肤面积。我们为何失去了大部分体毛，这是人类学家非常喜欢辩论的题目，但是变成裸体猿类的结果之一就是我们的祖先需要一种新的办法来保护自己免受过度紫外线的伤害，尤其在我们这个物种起源的低地热带地区，那里的紫外线格外强烈。[19]

其中一种解决办法就是利用皮肤产生的天然色素：黑色素（melanin）。黑色素就像是一种天然防晒霜，可以吸收和反射紫外线辐射，很多种生物都可以产生。对于人类，黑色素由位于皮肤表皮基底层的黑色素细胞（melanocyte）产生，新生成的黑色素被装入一系列小小的黑素体（melanosome）中，继而运往临近的角质细胞（keratinocyte），并在此停留下来。几乎所有人都拥有相同数量的黑色素细胞，但是肤色更深的个体，其黑色素细胞可以产生颜色更深的黑色素，称为真黑色素（eumelanin）。同时，他们的黑素体也更大，在所有角质细胞中分布得更加均匀。这样的结果就是形成了一道对紫外线非常有效的天然屏障，对那些肤色最深的人而言，其效果等价于具有10—15 SPF值的防晒霜。

我们祖先皮肤中的黑色素保护他们免受晒伤或皮肤癌的威胁，后者是皮肤细胞受到紫外线照射而引起DNA突变所导致的。但或许黑色素对我们祖先的生育能力产生的影响更为直接。2000年，尼娜·雅布隆斯基和她的丈夫——地理学家乔治·沙普兰（George Chaplin）发表了一套理论，认为自然选择在紫外线照射更强烈的地区偏好拥有更多黑色素的人，因为射线会破坏一种重要的营养素——叶酸（folate）[20]。叶酸是维生素B族的成员之一，我们可以从饮食中获得，尤其是绿叶蔬菜中。它是合成新DNA过程中必需的营养素，而这一过程存在于每次细胞分裂中。这就使得叶酸对于孕妇格外重要，因为一个不断长大的胎儿需要合成大量新的DNA。叶酸的缺乏与多种出生缺陷有关，其中包括脊柱裂（spina bifida）和其他神经管畸形，而神经管日后将发育成中枢神经系统的多个组成部分。雅布隆斯基和沙普兰认为，对那些生活在紫外线强烈地区的人来说，比如在热带非洲，皮肤中拥有更多的真黑色素可以有效降低叶酸的破坏。因此在强烈的阳光下，产生更多真黑色素的人就可能生育更多的孩子——也是更健康的孩子。

因此，我们这个物种的早期成员演化出了深色皮肤。但是那些离开非洲的人们，以及那些走向非洲大陆南端的人们，进入了中纬度地区，那里的阳光以更大的倾斜角度射向地球。他们皮肤中的黑色素变得不再那么不可或缺，甚至成了不利因素。这是因为太阳射出的紫外线也并不全是坏的。事实上，我们需要它来产生维生素D。没有足够的维生素D，我们就会和所有的脊椎动物一样无法从饮食中吸收钙和磷。而这些营养素在我们的身体中具有多种不同用途，包括影响硬骨的形成等。缺乏维生素D的人面临着严重的健康问题，例如患儿的骨骼无法完全硬化，出现变形等症状，导致营养性佝偻病（nutritional rickets）。在表皮和真皮的皮肤细胞中，对紫外线的吸收，尤其是UVB这种波长的紫外线，激活了肝脏和肾脏中可以生成维生素D的生化反应。

在世界上阳光并不那么强的地区，拥有深色皮肤的人就很难获得足够的维生素D，因此在那些定居欧洲和亚洲北部的人当中，自然选择更倾向黑色素生成降低的人。后来，这些人中的一部分又返回了南亚、澳大利亚、大洋洲和美洲的热带区域，拥有更好的阳光保护重新成为一种必需，因此他们再次演化出了深肤色。雅布隆斯基和沙普兰的主要观点就是将黑色素视作一种折中：我们既需要避免紫外线照射破坏叶酸，但又不能防护过度，以便使足够的照射进入细胞，促进维生素D生成。根据这一观点，我们这个物种所拥有的多种漂亮肤色就是我们的祖先在适应新环境时做出的最基本的演化权衡。

通过卫星测量到的地球表面紫外线照射强度与世界不同地区人类肤色间存在的密切相关性，最先为雅布隆斯基和沙普兰的“权衡假说”提供了支持。不仅可以根据纬度准确地预测皮肤颜色，海拔也同样可以：住在高山地区的人会受到更强的紫外线照射，因此相比低地居住者拥有更深的肤色。但这一普遍规律中也存在几个例外，比如居住在北美北极圈内的因纽特人，尽管那里的阳光强度几乎是最低的，但他们还是拥有较深的肤色。传统观点认为，因纽特人以海洋哺乳动物、鱼类和北美驯鹿为食，而这些食物中都富含维生素D，可能就解释了为何他们并没有演化出更浅的肤色。但随着缺乏维生素D的西式餐食逐渐取代了他们的传统饮食，维生素D缺乏造成的佝偻病和其他健康问题在这个群体中变得越发常见。

基因组数据同样为自然选择影响定居于世界不同区域的人群肤色的假设提供支持。一个在斑马鱼中影响色素沉积、名为*SLC24A5*的基因在人体中也具有相似的功能。该基因在人体内存在单核苷酸多样性，DNA序列某一特定位点究竟是鸟嘌呤还是腺嘌呤在不同人群中呈现出巨大差异。在98%～100%的欧洲人中，该位点是腺嘌呤，而在93%～100%的非洲人、东亚人以及印第安人中则是鸟嘌呤。尽管许多其他基因也会影响人类肤色，但欧洲人与撒哈拉以南地区非洲人肤色差异的约四分之一到三分之一是由*SLC24A5*决定的。那些针对自然选择的检测方法，比如萨贝提的长单倍型分析，则强烈提示这一基因在欧洲人中经过了选择。[21]

有趣的是，虽然东亚人和欧洲人肤色都较浅，但他们却拥有*SLC24A5*基因的不同基因型，说明在这些人群中肤色产生背后的遗传机制是不同的。现代欧洲人和东亚人的祖先相互独立地演化出了浅色皮肤，很可能是因为自然选择在这些中纬度地区更偏好黑色素生成降低，从而增强其维生素D生成的特性。于是我们就有了一个例子，说明演化虽在两个群体中产生了相似的结果，却是通过不同的遗传机制来完成的，遗传学家将这一现象称为趋同演化（convergent evolution）。[22] 类似的事件在人类演化史中发生了不止一次，更加有力地证明了皮肤的色素沉积是自然选择的结果，而非随机漂变、人口统计学或是基因冲浪造成的。

现代化的发展和工业化已经大大降低了如今黑色素对于人类生存和繁衍的重要性，尤其对那些具有城市化生活习惯的人们来说，但也并未完全消除。衣服和遮蔽物有效地限制了人们接收到的紫外线照射强度。关于阳光照射可导致皮肤癌的广泛认知也推动了防晒霜的普遍使用，尤其是那些生活在或是到访紫外线辐射相对较强地区却肤色较浅的人们。然而，皮肤癌依然是全球范围内最常见的一种癌症。[23] 每年确诊的皮肤癌病例数目比其他所有种类的癌症病例相加总和还要多，说明日晒过度依旧是一个很普遍的问题。

同样地，尽管我们对营养的理解已经取得长足的进展，并且膳食补充剂也非常容易获得，但是维生素缺乏依然相当普遍。虽然在20世纪中叶维生素D缺乏已经变得少见，但是自那以后又死灰复燃达到了大规模流行的程度。[24] 防晒霜的广泛运用，一方面有助于避免过度日晒，但另一方面，SPF值仅为15的防晒霜就可以降低99%的维生素D生成。尽管对于全球叶酸缺乏发生率的数据我们知之甚少，但世界范围内孕妇饮食中叶酸水平不足却屡见不鲜，尤其在那些欠发达地区。

如今，从医疗和技术角度预防这些问题的出现已经取得很大进步，但它们依旧存在的一个原因就是许多人已经不再生活在祖先曾居住的地方，他们的肤色却没能与新环境完全适应。如今我们在这个世界的迁移速率，比历史上的任何时候都快。截至2012年，每年约有3,700万架航班，搭载近30亿乘客，其中12亿跨越了国际边界。虽然大部分乘客在商务出差或度假旅行后返回家乡，但有越来越多的人选择留在他乡。截至2013年，约有2.32亿人生活在与他们的出生地不同的国家。国际移民的数量持续增长，自1990年开始每年增长1.2至2.3个百分点。美国、德国等富裕国家是主要的移民接收国，像我的家乡休斯敦这样的大型城市中心已经俨然变成了一个充满全球多样性的小宇宙。[25]

环球旅行不仅造成了人类皮肤中黑色素含量与所受紫外线照射量之间的不匹配，还意味着人类群体面临着史无前例的融合。与此同时，许多地方对不同背景来源的人们之间建立亲密关系的负面评价逐渐减弱。尽管种族和族群对于区分人类群体并不是最好的办法，但是有关跨种族婚姻的统计多少还是为基因库如何从曾经完全不同的群体逐渐融合到一起提供了一些证明。2010年，美国的新婚夫妇中有15%被划归为跨种族婚姻，这一数据是1980年的两倍。在2008—2010年间，近三分之一的跨种族新婚夫妇中有至少一方是国际移民。可以预计的是，伴随此趋势而来的就是多种族背景婴儿数量的增加，从1970年最多占全部新生儿的1%攀升到了2013年的10%。[26]

而在不同种群之间基因的混合是演化改变的另外一种机制，生物学家称之为基因流动（gene flow）。不同种群之间的基因流动降低了他们之间存在的差异，但同时也为自然选择带来了可供其发挥作用的新变异。由于不同种群间相互联系变得愈加紧密，可以非常确定，基因流动将在我们今后的演化中发挥重要的作用。

尽管如今在世界上迁移已经比在火车、飞机和汽车发明之前容易得多，但种群的迁移一直都是人类历史中的一大组成部分。在最近的50,000年中，我们这个物种已经遍布了地球上几乎每一块可以居住的土地，甚至还有一些看上去几乎并不适宜居住的地方。事实上，我们这个物种已经找到了在最严酷的环境下生存的办法，包括在空气稀薄、氧气含量更少的高山地区。[27]

氧气含量的降低使得从低海拔到高海拔地区旅游的人们总是觉得不太舒服，有时甚至会面临严重的健康问题。在我还是研究生的时候，有一次到秘鲁进行研究考察，就亲身体验了这样的状况。我们的目的地是亚马孙的热带雨林，但我们是从库斯科城（Cusco）出发的，那里是印加帝国的古老首都，坐落于秘鲁安第斯山脉的怀抱之中，海拔11,155英尺（约3,400米），是亚马孙盆地的最西边。我并没有预料到我会因为海拔而出现任何问题，因为此前我曾到过一次库斯科，并且一切安好。然而，这次完全不同。

我们从海滨城市利马（Lima）飞入。当在库斯科降落的时候，飞机几乎是翻滚着到达航站楼前，接着机组打开舱门。这里的氧气含量较海平面低约三分之一，在我开始呼吸稀薄空气的那一瞬间，一股强烈的恶心向我袭来。恶心的感觉持续了一整天，我不得不一直躺在卡车的前座上，为自己的无用感到十分抱歉，因为我的同事们都在四处奔波为随后的考察购买物资。直到几天之后，我们驱车从安第斯山脉的东坡前往亚马孙盆地时，我才随着海拔高度的逐渐降低和氧气含量的回升渐渐恢复了正常。

这次我不幸出现的急性高原反应，其实是一种在高海拔地区旅行者中非常常见的状况，因为我们没有给身体充足的时间去适应新的海拔高度。通常，我们的身体需要几天时间才开始对氧气水平的下降进行补偿，而若想更好地适应新环境则需要花上几周甚至更长的时间。由于血红蛋白携带的铁元素可以结合环境中的氧气，将其运往全身各个有需要的组织细胞，因此适应的过程涉及更多红细胞的产生。血液中的血红蛋白含量越高，就可以越有效地收集从肺部进入身体的氧气。

但是为什么我这次经历了急性高山病，之前那次却完全没事呢？当时我是在大学毕业后跟几位好朋友一同前往的，我们并非直接飞到库斯科，而是花了几天在利马，接着在乘坐过夜火车爬上安第斯山脉之前又在海拔稍高一点的阿雷基帕城（Arequipa）游览了一番。我记得在火车向稀薄的空气地区不断爬升的过程中，我可以感受到自己的脉搏和呼吸都加快了，我的身体在尽其所能帮助那些挣扎的细胞获得更多的氧气。因此，当我们到达库斯科的时候，我的感觉还不错，因为我的身体已经花了一周多的时间来增加血液中的血红蛋白含量，所以稀薄的空气并没有带来太多困扰。

往往几周之后，绝大多数人都可以很好地适应高海拔地区的稀薄空气。这也解释了为什么一些杰出的运动员在大赛之前都会到高海拔地区进行训练——使体内的红细胞浓度明显增加，效果往往可以维持至少几周时间，就有可能令他们在低海拔地区比赛时具有一定的优势。[28] 如果本身就出生或成长在高海拔地区就更好了，因为那样的话，身体就是按照帮助补偿稀薄空气的方式而发育的，比如拥有更大的肺，使得每次呼吸都能捕获更多的氧气。类似的变化可以出现在任何人身上，无论其父母来自何方。但我们目前已经知道，对那些祖先已经在高海拔地区生活了数百代的人来说，他们对低氧环境的长期适应并不仅靠短暂改变气候来完成，而是同样可以通过自然选择来进行。完全出乎意料的是，自然选择的过程事实上并不只发生了一次，而是在全世界不同的地区发生过至少三次，并且似乎至今仍在继续。

1962年，针对人类高海拔环境适应性的研究取得了质的飞跃。那一年，富布莱特奖金（Fulbright Fellowship）获得者、人类学家保罗·贝克（Paul Baker）携妻子和四个孩子一同从美国宾夕法尼亚州立大学（The Pennsylvania State University）搬到了秘鲁。[29] 那段时间，印度、巴基斯坦和中国的山区边境地区爆发了冲突，美国军方突然对人体如何对高海拔做出反应产生了浓厚的兴趣，贝克的研究也因此得到了军方经费的资助。在秘鲁的其他地区生活和工作了几个月后，贝克全家搬到了库斯科，在那里他开始采集附近居民的有关数据。自此之后的十年时间里，贝克和他的研究生们收集了包括他们自己和当地人群在内的、规模庞大的有关生物学、健康状况以及体能等方面的各种信息，倾尽全力探索高海拔究竟对人体产生了什么影响。

贝克并不是研究生活在高海拔地区人类生物学的第一人。早在20世纪早期，以卡洛斯·蒙杰（Carlos Monge）和阿尔韦托·乌尔塔多（Alberto Hurtado）为代表的研究者，就对生活在高海拔地区的秘鲁人的生理学展开了研究。他们记录下的一系列诸如胸腔和肺部更大、血液中血红蛋白浓度更高等生理特征，似乎就是安第斯人可以在山中正常生活的法宝。事实上，与那些生活在海平面水平的低地原住民相比，生活在海拔约3,962米的安第斯原住民血液中的氧气含量更高。但是，他们发现长期生活在高海拔地区的人同样会患上一种名为慢性高山病的疾病，部分原因是有太多红细胞在体内循环。换句话说，生成更多的红细胞可以帮助身体适应低氧环境，但是产生太多也会出现问题。

保罗·贝克和他的学生认为，这些出现在安第斯原住民身上的性状是对气候的适应以及一代代自然选择作用的结果。尽管他们还不能明确指出其中的遗传基础，但他们怀疑存在于高地原住民中的性状是可遗传的，而不仅仅是终生生活在高山上应运而生的结果。通过对来自从高海拔地区迁移到低海拔地区，或是从低海拔地区搬到高海拔地区，或在同海拔地区迁移，以及那些从未迁移过的人们的情况进行对比，他们得到了一些数据支持。尽管当高山居民搬下山后，体内的血红蛋白浓度会降低到低地居民的水平，但这些在大山中出生的人们即使搬到了山下，依旧拥有更大的胸腔体积。更有意思的是，那些父母从低海拔地区搬到高海拔地区的孩子们并没有发育出与原本就生长在高山家庭中的孩子们一样大的胸腔。

辛西娅·比尔（Cynthia Beall）是贝克的学生，她很想知道生活在世界上其他高海拔地区的人们是不是也跟安第斯原住民一样，采用相同的方式来适应稀薄的空气。20世纪70年代早期，尼泊尔和中国西藏地区开始对外国人开放，首次为比较来自世界上两个最大的高海拔区域人群的生理特征带来可能。比尔跋山涉水前往那些最偏远的村子，那里的人们已经祖祖辈辈生活了上千年，她收集并分析这些相对隔离的人群的血液样本。结果令人出乎意料：虽然西藏人也非常好地适应了在稀薄空气中的生活，但他们的身体对于低氧环境的处理方式与安第斯人完全不同。[30] 在同样生活于高海拔地区的西藏人的血液中，血红蛋白和携氧量都少于安第斯人。事实上，与生活在海平面水平的人们相比，绝大多数西藏人静脉血中携带的氧气量都更低，但他们却可以在空气中含氧量降低40%的西藏完全正常地生活。这怎么可能呢?

对于西藏人在血液中氧含量更低的状态下依然生机勃勃地住在高海拔地区的现象，比尔开始一一验证她能想到的全部假说。她发现西藏人比安第斯人呼吸频率更快，就像低地居民第一次到达山区时出现的变化。但不同的是，低地居民在适应了稀薄空气后呼吸就会逐渐减慢，而西藏人会一直保持着粗重的呼吸。表面看来，加快呼吸可以让一定时间内进入肺部的空气更多，从而补偿空气中氧含量的降低，但血液测量数据表明，事实并非如此。

最终，比尔找到了答案。她发现当西藏人呼气时，一氧化氮（nitric oxide）的气体浓度相比安第斯人和低地居民都要高。一氧化氮可以让血管舒张（这也是造成勃起的原因），使更多的血液以更快的速度通过。她还发现，西藏人的肌肉中拥有更多的毛细血管，正是这些薄薄的血管网络负责将氧气运送到目的地。综上，高血流量和更强大的毛细血管运送网络两个特点相结合，使得西藏人尽管每滴血液中氧含量都更低，却依然可以像安第斯人一样，毫无问题地在高海拔地区生活。事实上，西藏人似乎比他们的南美兄弟更具优势，因为他们极少患上困扰安第斯人的慢性高山病。这很容易理解，慢性高山病与血红蛋白浓度升高有关，但这一现象并没有出现在西藏人体内。

如此这般，西藏人和安第斯人通过完全不同的方式解决了相同的高海拔空气稀薄的问题。考古学证据表明，西藏人在那片环境中生活了30,000年甚至更久，而安第斯人也生存了大约

11,000年。基于这一事实，比尔和同事们提出了如下假设：自然选择对两个人群的生理都产生了影响，但每一个群体的反应有所不同。[31] 只是那时，他们还没有遗传学数据来证明自然选择发挥了作用。

随着基因组时代拉开序幕，比尔和她的同事们开始了第三个高海拔群体的研究：位于埃塞俄比亚高原上的阿姆哈拉人（the Amhara people）。他们由此发现了另一种协调低氧含量的生理适应模式。[32] 与西藏人类似，阿姆哈拉人血红蛋白含量较低，但显著不同的是，他们血液中的氧含量很高。比尔的团队还比较了在埃塞俄比亚瑟门山（Simien Mountains）居住时间超过70,000年的阿姆哈拉人和另外一族：在同一区域仅居住了500年的奥罗莫人（Oromo）。与他们的预期相符，奥罗莫人与拥有更长时间进行自然选择的阿姆哈拉人的生理并不相同。事实上，奥罗莫人的血液更像那些适应了高海拔生活的低地居民。这也就为高海拔适应性的第三种独立演化起源提供了证据。所有线索都指向自然选择对世界上三大高海拔地区的人群作用方式不同的结论。唯一缺失的证据就是从基因组数据中定位负责相关性状的基因，从而明确自然选择曾经作用于它们。

2014年的莱斯特会议上，比尔的合作者、来自芝加哥大学的意大利遗传学家安娜·迪·里恩佐（Anna Di Rienzo）做了报告，带领大家迅速认识了高海拔适应性基因组数据究竟可以告诉我们什么。2010年，三个不同的研究团队同时针对西藏人高海拔适应性的遗传基础展开研究，并在几周内先后发表了研究成果。[33] 其中绝大多数结论是一致的：西藏原住民的基因组中的确存在一些基因经历了自然选择，这些基因的不同版本出现在西藏人和与其亲缘关系很近的汉族人中。其中*EPAS1*和*EGLN1*两个基因脱颖而出，二者都具有感知并对进入身体的氧气量产生应答的功能。他们还在西藏人的基因组中找到了与典型低血红蛋白含量相关的等位基因，并发现最强的选择信号就发生在相当晚近的时候。但是对安第斯人和埃塞俄比亚人的基因组研究结果就没那么直观了，虽然同样可以得出自然选择发挥了作用的结论，但他们对选择所产生的遗传应答方式，与比尔和同事们曾经描述过的生理状况一样，均与西藏人不同。

对于稀薄的空气并没有一个很简单的补偿方式。不同于我们可以通过使用防晒霜和服用维生素补充剂等方式来适应紫外线照射的问题，低氧含量是生活在高海拔地区无可回避的事实。辅助供氧可以在短期内使用，比如对于那些尝试高山登顶的登山者或者一些紧急医疗事件，但持续使用很不现实。因此对于超过2.5亿至今仍生活在海拔3,048米以上地区的人们，与过去曾经导致适应相同的演化压力，至今可能依旧在发挥着作用。

就像肤色和感染性疾病一样，自然选择对于那些可以改善低氧环境下生存状况的性状，可能在孕期、出生以及童年早期作用得最为强烈。来自低海拔地区的妇女在高海拔地区分娩出现并发症的风险非常高，比如子痫前期，如果未经及时治疗，出现的高血压症状可能对母体和孩子均构成致命危险。有意思的是，与相似海拔地区的其他民族相比，来自安第斯、西藏以及阿姆哈拉的女性产下的新生儿平均体重要更重一些。鉴于已知体重更重的宝宝有更高的生存率，也就意味着在这三个群体中，自然选择均对改善出生存活率发挥了作用。

事实上，在真正了解是哪个基因在起作用之前，比尔和她的同事就已经断定，西藏女性体内含有一个影响血液中血红蛋白结合氧气量的等位基因，令她们比那些不携带该等位基因的女性拥有更多存活下来的后代。[34] 这意味着自然选择不仅令高山居民过去对所居住的高海拔环境产生了适应性，并且时至今日，选择的过程依然在继续。

为了进一步了解帮助西藏人在高海拔地区生存的基因究竟从何而来，比尔采集了一个相邻的高山居民群体，尼泊尔的夏尔巴人（Sherpa）的样本。夏尔巴人因他们在高海拔登山考察中英勇无畏的表现而著称，是外国人尝试攀登珠峰和喜马拉雅山脉的其他高峰时向导和搬运工的不二人选。迪·里恩佐同她在芝加哥大学的团队一起，将比尔收集到的夏尔巴人血液样本与之前在西藏收集到的样本进行比较，并从人类基因组单体型图计划中获得了其他人群的参考基因组数据。[35] 结果显示，西藏人和夏尔巴人对高海拔环境拥有一些共同的遗传适应性，现代西藏人似乎起源于一队从低地迁移到高山居住的人，随着他们与高地上的人结为配偶，后代获得了那些有助于适应高海拔环境的基因。

这是一个巨大的突破。迪·里恩佐和她的同事们发现，有益基因可以通过性来获得，而不仅仅依靠突变。尽管我们还不知道人类基因组中突变发生的准确频率，但可以确定它确实是存在的。一项对比孩子与其双亲基因组的研究显示，平均来讲，每个新生儿基因组中携带有大约60个新的突变。[36] 其中绝大多数都是有害或中性的，但在极少数情况下，也可能是有益突变。更重要的是，即使在某一个体中出现了有益突变，也要花上很长时间（许多代）才能在人群中变得常见。那些携带有益突变的婴儿要长大成人并且生下具有同一有益突变的宝宝，后者再将其传给他们的后代，以此类推。但极有可能这个有益突变在变得常见之前就消失在人群之中了。当然也有可能在其他地方已经出现了这种有益突变。

也许突变是极其罕见的，但性并不是，任何时候来自不同种群的个体产下的后代，其基因组都是两个种群基因的混合体。西藏人的基因组数据显示，通过性将一个种群的基因流到另一个种群可以极其有效地快速启动演化过程。为了更好地了解我们演化的未来，接下来，我们就需要认识一下基因在种群间是如何流动的。

对于基因流动，我想没有人比戴维·赖希（David Reich）了解得更多。我拜访了他在哈佛医学院的实验室，希望可以从他那里得到一些见解，关于不同种群间的基因流动如何影响人类历史，以及它对我们演化的未来又意味着什么等问题。在构成了哈佛医学院大部分校园的庄严白色大理石建筑旁，矗立着一栋十分现代的玻璃、钢结构建筑，它的名字看上去毫无创意：新研究大楼。在一层安保值班的前台，我见到了赖希。我们爬了一段楼梯到达二层，路过一张挂在墙上的巨型世界地图，然后来到了他的实验室。我发现在我左边那扇看起来很结实的门内，有一道淡蓝色的光穿过小小的窗户。赖希介绍说，那就是他的远古DNA实验室。蓝光其实来源于紫外线，目的是破坏路过的研究者落下的任何DNA，以免污染珍贵的远古DNA样本。

我们穿过实验室，工作区域被一些玻璃墙隔开，上面布满了深浅不一的记号笔留下的笔记和公式。赖希的办公室就在后面，透过一面狭长的长方形玻璃可以俯瞰路易巴斯德大街。赖希说，多亏对远古骨骼进行基因组测序在技术上取得的进步，以及所应用的统计学方法上的改进，他的团队才可能研究古代人类种群的遗传学。通过比较存在于欧洲农业出现之前狩猎-采集者（hunter-gatherer）群体的DNA和来自德国的早期农民的DNA，赖希和他的同事证明了现代欧洲人是至少三个不同种群基因混合的结果。[37]

我们的谈话被一阵敲门声打断。走进来的是尼克·帕特森（Nick Patterson），他为自己的打扰连连道歉。帕特森堪称基因组领域的一个传奇，他是一位拥有非凡背景的大数据专家。帕特森来自伦敦，小时候对数学和国际象棋具有极大兴趣。他在剑桥大学完成了本科学习，又取得了数学博士学位。接下来的20年里，他将数学技能应用于顶级机密交流项目，成了一名代码破译员，先后为英国政府和美国政府的承包商工作。但此后，他换到了完全不同的领域，并且不止一次，而是两次。20世纪90年代，帕特森充分运用他分析复杂数据规律的能力，为纽约一家对冲基金公司工作，帮助他们预测股市的波动。到了2000年，帕特森决定将他破译代码的技能应用到另一种复杂的数据上——人类基因组。

帕特森和赖希成了亲密的朋友和同事，他们一同被斯万特·帕博（Svante Pääbo）邀请合作从事研究工作。帕博是德国马克斯·普朗克研究所（Max Planck Institute）一位研究尼安德特人基因组的古代DNA专家，他的实验室已经开始对提取自骨骼化石中的DNA片段进行测序。赖希和帕特森通过帕博实验室收集到的基因组数据，发现非洲以外的现代人类基因组中含有1%～3%的尼安德特人基因。这一惊人的发现说明人类和尼安德特人曾经交配过，并且有后代存活下来。从一具罗马尼亚的现代人类骨骼上提取到的DNA显示，现代人类和尼安德特人之间的基因流动可能直到40,000年前还在继续。[38]

这个发现仅仅是个开端。2010年，该团队宣布在西伯利亚的一个山洞中发现了又一例证据，表明现代人类和另一种不同类型的古人类丹尼索瓦人之间存在着基因流动。根据基因组数据，丹尼索瓦人虽不同于尼安德特人，但他们之间存在某种关系，如今生活在大洋洲以及邻近区域的现代人基因组中，有5%的基因来自丹尼索瓦人。后续工作发现，基因不仅仅在尼安德特人和现代人类，以及丹尼索瓦人和现代人类之间来回流动，在尼安德特人和丹尼索瓦人之间同样如此。[39]

赖希向我解释道，基因流动已经成为人类历史中的一种规律，而并非特殊情况。如今已经实现了对古人类的基因组进行检测，通过比较全世界现代人类种群的基因组，可以得出结论：我们的基因库一直如同一个大熔炉。历史上每隔一段时间，来自不同地区的人们就会走到一起，留下后代。因此，看上去彼此孤立的人类种群，实际上从未将隔离状态保持太久。现在我们了解到，我们的祖先在迁移途中与碰到的其他似人类的物种进行了基因交换。可以说，我们这个物种是非常混杂的。

此外，这些远古的跨物种约会也让我们的祖先获得了有益基因。目前最明确的例子来自丹麦的种群遗传学家拉斯马斯·尼尔森（Rasmus Nielsen）的发现。他与帕博、帕特森和赖希一起研究尼安德特人与人类之间的基因流动，并且与中国一个巨型基因组测序中心的研究者们展开合作。[40] 2010年，他们作为团队之一，最先发现西藏人体内*EPAS1*基因的特殊版本是产生高海拔环境适应性的原因。西藏人版本的基因中包含五个在其他任何人类群体中都不存在的突变，尼尔森对这差异之大感到十分吃惊。而当丹尼索瓦人的基因组数据发表出来后，尼尔森和他的同事更加震惊，因为他们从中找到了存在于西藏人*EPAS1*基因中的全部五个突变。出现这一不可思议的共同点似乎并不是巧合。这段很长的DNA相似序列表明，两个种群——丹尼索瓦人和现代西藏人——必然在距今相对较近的时间里进行过DNA交换。于是我们就得到了强有力的证据，表明安娜·迪·里恩佐团队在现代西藏人体内发现的那些有益基因来源于另一个种群，更准确地说，来源于另一个物种。

当我们的祖先向全世界扩散时，他们遇到了一系列新环境，比如高海拔地区的稀薄空气，不同强度的紫外线照射，以及各种各样的感染性微生物等，这都为他们的生存带来了极大的挑战。而对于这些挑战的解决办法就来源于基因突变、基因流动、自然选择以及文化方面等多种不同的排列组合。由于人类的开创精神，我们发展出农业，驯养了动物，建立起文明，发明机器并且发现药物。我们将所获得的知识代代传承，每一代都从先人那里学到东西，并以此为基础创建更多。文化就像基因一样，是可以遗传的，它已经加入了自然选择，成为促使我们这个物种产生改变的最主要力量。但涉及演化过程如何持续影响今天的人类，以及它们又将如何在未来发挥作用的问题时，我们似乎倾向于相信文化带来的影响意味着过去发生的与未来已不再相关。

实际上，文化可以作为推动演化改变的执行者。[41] 例如，我们的饮食就是文化中一个非常重要的元素。奶制品是北欧人饮食重要的组成部分，但是直到上个世纪，对一些包括东亚在内的其他地区的人来讲，奶制品依旧是稀罕物。世界上，不同地区的成年人对牛奶的消化能力存在着巨大差异，在有能力消化生牛奶的人更常见的地方，奶制品消耗量也更大，这一现象绝非巧合。[42] 乳糖不耐受使得全世界三分之二的人口没办法消化生牛奶中所含的乳糖。作为哺乳动物，所有人类在婴儿时期都可以合成乳糖消化所必需的乳糖酶。但和绝大多数哺乳动物一样，断奶后乳糖酶就停止产生了。那些可以喝牛奶的成年人事实上就是因为此过程没有终止，这就要多亏发生在他们祖先基因组中的细微改变。

在大约10,000年前，由于一些人类种群开始种植庄稼、饲养牲畜，绝大多数人的饮食也随之发生了变化。尽管农业意味着食物的来源变得更加丰富和可靠，早期农民似乎并没有在生物学上对消化所能收获的食物，包括牛奶、绵羊奶和山羊奶，做好完全的准备。喝奶可以为奶农们提供更持久的能量来源、清洁的水源以及必需的营养素，比如钙。尽管在将牛奶制成酸奶或是奶酪后，乳糖的含量大大降低，更容易被消化，但那些可以吃任何奶制品而不出现消化道不适症状的人仍更具生存优势。因此，自然选择就更倾向于那些在成年后依旧具备牛奶消化能力的人，一代接一代地，在放牧民族的成年人中，产生乳糖酶变得越来越普遍。

从20世纪70年代开始，科学家们就发现了表明单个基因可以控制乳糖酶产生的证据。到了20世纪90年代至21世纪初，*LCT*这一基因的分子遗传学才被研究清楚。它成了最早通过使用帕迪斯·萨贝提等人开发出的新技术探测到的经历了自然选择过程的基因之一。一项将现代人类DNA与从一具古老欧亚混血骨架上提取的DNA进行比较的研究发现，最强的自然选择信号正来自*LCT*基因——让成年人具有牛奶消化能力的最早的基因版本出现在公元前2450年到公元前2140年，这表明，自然选择在最近4,000年对这一基因发挥了作用。有趣的是，欧洲人中常见的*LCT*基因版本在同样成年后食用奶制品的非欧洲种群中并没有出现，比如一些非洲人。由人类演化遗传学家萨拉·季可夫（Sarah Tishkoff）带领的研究团队发现，东非牧民*LCT*基因上的不同突变使他们可以像欧洲人一样消化乳糖。同理，该突变由于自然选择的作用而变得越来越常见。[43]

农业的崛起使得谷物在一些文化的饮食中成了重要的组成部分，比如在中国的长江沿岸，大米在这里首先被驯化。就像绝大多数谷物一样，大米富含淀粉，必须有特定酶才能消化。其中唾液淀粉酶由单个基因编码产生，但该基因在不同人群中的拷贝数从2个到15个不等。在中国汉族人和日本人中，长久以来淀粉已经占据他们饮食的很大部分，这些人大多拥有更多的淀粉酶基因拷贝数，从而可以产生更多的消化酶。这种关联性表明，自然选择对现代人群中淀粉酶水平的差异发挥了作用。[44]

因此，我们的智慧和创新精神使我们并非被动地承受着自然选择，而是促进了演化改变在我们身上发生。如果饮食的调整曾对我们这个物种的过去发挥了重要的作用，那么我们就需要考虑一下它在我们当前的演化中所扮演的角色。从对人类健康产生影响的角度来看，当下我们正处于一个全球化的饮食转变之中，而它与农业的发展存在着对立。加工食品和高热量饮料的广泛食用和饮用，从诸如美国等发达国家开始快速蔓延到欠发达地区，而这一变化与肥胖、糖尿病和心血管疾病的发病率升高存在着密切关系。鉴于这些疾病已经取代感染性疾病成为发达国家人们的首要死因，自然选择或许会继续通过饮食改变我们的身体。[45]

离开莱斯特会议，我对基因组大数据时代为我们的演化史所提供的信息有了新的认识。我们如今了解到，随着我们这个物种逐渐从出生地非洲扩散到其他地方，自然选择帮助我们的祖先更好地适应新环境。以适应高海拔地区的稀薄空气为例，那些曾经发挥作用的演化力如今依然强烈。而另外一些例子，比如紫外线辐射和饮食，现代生活已经改变了它的影响。但是我们也知道，其他演化力，比如基因漂变和基因流动，也在创造我们共同的基因库中发挥了极其重要的作用。

从世界人类演化基因组学中，我们可以得到的信息就是，我们这个物种拥有漫长的在地球上迁徙的历史，不断适应当地的新环境，与邻居展开基因交换。从某种意义上来看，我们现在所做的事情与以前并没有两样。不过，在历史与现代生活之间还是存在着重要的差异。如今，人类个体总数呈几何倍数增长，我们拥有巨大的人口数量，也就意味着每当一个新生儿降生，就会有比以前任何时候都多的新突变进入基因库。就像我们已经看到的，我们正带着我们的基因、文化——当然还有疾病，以人类历史上前所未有的速度在整个世界内迁徙。综上所述，该趋势表明，我们这个物种已经进入了一个比过去任何时期都拥有更多遗传变异的时代，而这些都是演化改变的最原始材料。

但与此同时，我们也进入了一个过去的许多规律都不再适用的年代。尽管我们已经知道人类所经历的一切，有些甚至就发生在最近的几百年间，却并不意味着我们可以由此预测人类将如何演化。想要了解人类进入现代后演化如何进行，我们需要另一种信息，而它的来源可能出乎你的意料。

3

转变中的世界

基因组数据告诉我们人类演化近期仍在继续，但是从过去外推并不能告诉我们现在是否依然如此。不过，有一个地方却可以，那就是位于加拿大魁北克城的罗马天主教堂加拿大总部的档案馆。演化遗传学家埃曼努埃尔·米洛特（Emmanuel Milot）带我来到这里，在此向我解释他如何发现生活在圣劳伦斯河（Saint Lawrence River）中一个小岛上的人群从19世纪初开始经历的自然选择。

一个星期三的下午，我在稍晚些时候到达了加拿大蒙特利尔（Montreal）。米洛特到机场接我，并带我到市中心的一家小啤酒厂吃了晚餐。在那里他讲述了自己的故事。在他还是研究生的时候，他对一种叫作漂泊信天翁（wandering albatross）的海鸟进行遗传学研究，这种海鸟生活在距离南极洲较近的、坐落于南印度洋的克尔格伦群岛（Kerguelen Islands）上。每次米洛特都需要乘坐法国的科考船数月才能到达群岛的最远端，收集这些鸟的血液样本并进行测量。有一次他抓住了一只腿上绑着一条带子的信天翁，表明这只鸟在米洛特出生前就已经存在并进行交配了。研究如此长寿的物种使他想到了一些可能对于寿命较长的动物至关重要的问题，比如一只年轻的鸟要花多久才可以开始繁殖，年迈时身体又将如何逐渐走向衰弱。这些想法进而使他开始对其他长寿的物种产生好奇，比如人类。

米洛特完成了有关漂泊信天翁的研究论文后，便开始对具有繁殖和死亡时间等生活史特点的演化产生浓厚的兴趣，这促使他将研究对象转向人类。但是收集人类数据与鸟类研究截然不同，因此米洛特与人类学家弗朗辛·马耶尔（Francine Mayer）组成团队，共同开展研究。第二天一早，我们便拜访了马耶尔，在她家屋后鲜花盛开的花园里，我们一边吃着牛角面包配咖啡，一边听她讲述自己的研究历程。从20世纪60年代开始，马耶尔便作为研究团队中的一员，努力寻找那些相对隔离的人类群体，标准是该群体在多代内均保持较少的人口数量，并且一定要有记录可查。最终他们在榛子岛（Île aux Coudres）上发现了一个符合条件的社群。尽管距离圣劳伦斯河的北岸仅有2.4千米，但河水危险的激流和一年中特定时期出现的冰冻状况，都迫使这个社群无法与附近的村庄以及其他社群产生紧密的联系。更重要的是，另外一位研究者皮埃尔·菲利普（Pierre Philippe）曾在1967年到访过这个小岛，从社群和当地的牧师处获准抄录该教区的出生、死亡以及婚姻记录，用以进行人口学研究。于是，从20世纪90年代初期开始，马耶尔与一位名叫米雷列·布瓦韦尔（Mireille Boisvert）的研究生一起，耗时三年建立起榛子岛居民的家族系谱树，其中包含了从18世纪20年代到20世纪60年代超过8,000例出生和

2,000例结婚记录。

2009年，米洛特以博士后身份加入这一研究团队，通过一部分人口记录，他发现出生数据中存在一个令人出乎意料的趋势。在1800年到1939年出生的几代人中，女性成为母亲的平均年龄由26岁降低到了22岁。在榛子岛上，那些更年轻时就有了孩子的女性似乎也同样拥有更大的家庭。有意思的是，她们的女儿和母亲有相同的倾向。米洛特从他的鸟类研究中了解到，繁殖的时间是一个对自然选择产生应答的性状，因为它对个体可以留下后代的数目有着极其巨大的影响。为了确定是自然选择导致了变化的产生，他需要证明岛上女性首次生育年龄的降低有遗传基础，并且包括基因漂变、文化传统的改变，以及营养和医疗状况的改善等在内的任何非自然选择因素均不能给出完全的解释。米洛特借用动物繁殖研究中的数学模型对这些影响因素进行了梳理。[1]

预测两个个体之间相似程度的模型需要考虑个体间的亲缘关系有多近，以及是否生活在相似的环境中。这使得米洛特可以对首次生育年龄的估计育种值（breeding value）进行计算。这一数值是对该性状究竟可以在多大程度上被个体携带的基因所解释，与整个人群的平均值相比又处于何种水平的一种估计。举个例子，如果一位女性在23岁时有了第一个孩子，而人群中女性首次生育的平均年龄为25岁，那么她的育种值就可以对这两年的差别究竟有多少继承自她的父母进行估计。经历八代以后，平均估计育种值若显著下降，则表明这是一种对演化的响应。

米洛特和他的同事以婴儿和青少年的生存率作为一种反映整体健康状况的指标，发现在这段时间内并没有证据表明人群的健康状况发生过任何有意义的变化。由于岛上的社群很小，并且个体之间关系紧密，拥有相同的传统、语言、宗教、饮食和生活方式，文化差异这一因素也可以被排除。此外，团队还通过模型拟合，发现基因漂变无法对初次生育年龄产生与观察到的改变一样大的影响。因此对所观察到的初次生育年龄显著下降的现象，仅存的能够做出最好解释的因素，就是自然选择导致的演化。

我想亲眼看到证据，所以米洛特和我开车穿过了历史悠久的下魁北克城的鹅卵石街道，爬上一座陡峭的山峰，来到一栋巨大的五层石体建筑跟前。这里就是魁北克总教区（Archidiocèse de Québec），加拿大罗马天主教堂的中央管理机构。在那里我们见到了教区主教的档案管理员皮埃尔·拉方丹（Pierre Lafontaine），他一身休闲打扮，说话声音很轻，连连为他那因鲜少使用而不太流利的英语道歉。拉方丹带领我们进入了一个大房间，屋内的三张桌子拼成了一个新月形，他已经为迎接我们的到来准备好了几本书。

其中一张桌子上放着一本看上去有些破旧的书，封面上有手书标签，*De 1859–1866*。第二本书上打印的标签中包含了那些年有关洗礼、婚礼和葬礼的记录，正是米洛特和马耶尔所使用的原始数据。接着拉方丹带领我们进入了一间狭长窄小的房间，里面放着一排又一排经过编目的书籍，就像现代图书馆里那样堆放在一起，都是和我们刚刚看过的一样的教区记录。这里简直就是一个有关魁北克人民跨越十几代的令人难以置信的信息宝库，收藏的都是演化生物学家梦想得到的信息——对米洛特来讲，除了人类，他从来没有奢望可以从信天翁或其他任何物种身上获得同样的信息。

1951年，一位意大利牧师在参加遗传学家路易吉·卢卡·卡瓦利–斯福尔扎（Luigi Luca Cavalli-Sforza）的一个演讲时，首次提出了通过使用多代的教会记录来研究人类人口统计学的想法。之后的几十年里，卡瓦利–斯福尔扎和他的同事利用这一想法来探索亲属间的婚姻如何影响特定基因在整个意大利的分布。从20世纪90年代开始，包括维尔皮·卢马（Virpi Lummaa）在内的来自芬兰的研究者们开始对这一方法进行扩展，使用教会记录寻找在18和19世纪工业化前，自然选择在芬兰社群中发挥作用的证据。[2] 他们发现确实有证据表明，在这些社群中存在自然选择对女性生育时间产生影响的可能性，其中包括自然选择对富裕和贫穷人群的作用可能不同的证据，但是他们尚无法确定自然选择是否真的产生了任何影响。

检测对自然选择做出的应答是十分复杂的，一方面因为需要复杂的统计学分析来区分各种各样导致性状随时间改变的因素。在21世纪的第一个十年中，研究野生动物种群的科学家们开始使用多代数据来检验物种对自然选择做出的应答，但后来发现最初使用的方法并不可靠。来自爱丁堡大学的演化生物学家贾罗德·哈德菲尔德（Jarrod Hadfield）开发出一套统计学方法解决了这一问题，具体的方法是基于贝叶斯广义线性混合模型来估计育种值的趋势。[3] 2009年，在意大利阿尔卑斯的一次小型会议上，米洛特有幸见到了哈德菲尔德，并且非常迫切地将这一全新方法用于分析他从弗朗辛·马耶尔那里刚刚得到的榛子岛人群数据。他刚返回蒙特利尔的家中，就跑到咖啡馆打开笔记本电脑尝试起来。当他看到结果时——历史上的人类种群曾对自然选择产生应答的第一份证据——险些打翻了他的意式浓缩咖啡。

第二天，米洛特和我继续向榛子岛进发。我们开车到达了周六早上仅有的两个可供汽车轮渡的码头之一，约瑟夫-萨瓦尔（Joseph-Savard），它是以这个岛上最早一批定居者之一的名字命名的。萨瓦尔和他的妻子是1720年到1773年间最先到达岛上的三十个家庭之一。在之后的几十年里，岛上的人口数量迅速增加，每个家庭都不得不将仅有的那点土地在孩子之中进行分配。[4] 不同于大陆上的定居者可以随着人口的增长持续向外扩张，对岛上的居民而言，圣劳伦斯河是一道严格的界线，没有家庭情愿到河的另一面建立农场。我拜访的那天是一个晴朗的夏日，很难想象河水究竟能有多危险。但是水位较低的地方露出了几块石头，它们周围的漩涡和波纹就暗示了强烈的水流，这使得圣劳伦斯河的这个河段非常危险。冬天河道被浮冰填满时就更是如此。

二十分钟后，我们开车驶离轮渡码头，上了小岛的主干道。到达小岛的最南端后，我们停在了一家小面包房边上。站在那可爱的拥有几把红伞和木质餐桌的露台上，可以俯瞰圣劳伦斯河。当米洛特和我进入面包房后，一位微笑着的女人向我们走来，自我介绍说她就是这里的主人。她用法语飞快地讲起自己的家庭一直住在岛上，并且激动地指着旁边墙上镶嵌在黑白相框里的照片，照片中一个年轻的女孩正在吹着蒲公英毛茸茸的种子。那是皮埃尔·佩罗（Pierre Perrault）关于这个小岛的一系列著名纪录片中的一张截图，而她正是照片中的女孩。[5] 九年前，她从另一个家庭手里买下了这家于1945年首次开张的面包房，但出于对历史的尊重，她保留了最初的名字——Boulangerie Bouchard。

面包房的生意很不错，尤其是周末有旅客的时候，他们已经成为岛上居民的最主要收入来源。[6] 旅游业的发展要追溯到19世纪下半叶，富裕的美国人越发渴望在不舒服的炎夏逃离美国东北部拥挤不堪的城市，他们开始到包括榛子岛在内的夏洛瓦（Charlevoix）地区游览。新的收入来源使得岛上的居民不再依靠种田和捕鱼维持生计。到了20世纪60年代，当佩罗来此地拍摄纪录片时，过去几代流传下来的众多航海传统几乎被遗忘殆尽。

离开面包房，米洛特和我向圣路易斯村走去。在那里，我们路过了一片墓地，墓碑上重复着屈指可数的几个名字：哈维（Harvey）、特朗布莱（Tremblay）、布德罗（Boudreault）、迪富尔（Dufour）、帕德奈特（Pednault）、马尤（Mailloux）、戴格叶恩（Desgagnés），提醒着我们，这个社区是如此之小。尽管村子里的房子和石头教堂依旧保持着与20世纪初的照片上一模一样的状态，简短的探访还是令我们意识到，21世纪已经到达榛子岛。我们的旅店有WiFi信号，我们可以通过手机GPS在岛上导航。在距离教堂很近的前门廊上，一位满头银发的老人坐在石头椅子上向我们招手致意，友好地说“bonjour”（法语：你好）。这一举动可能就像一百年前他的祖父一样，只不过他的祖父并不需要先摘掉iPod耳机。

现代化意味着米洛特、马耶尔和他们的同事在人类群体中得到的有关自然选择的结论，并不能简单地扩展到生活在20世纪下半叶的人们身上。米洛特和他的同事在研究论文中强调岛上的居民经历了自然生育，这意味着没有任何有效的避孕方式或计划生育手段可供他们使用。医疗、技术、教育和其他工业化生活的优越性，使得女性生育第一个孩子的年龄受到了太多因素的影响，不仅仅是遗传学上的。放眼全球，随着经济进一步发展，女性首次成为母亲的平均年龄逐渐升高，而这与米洛特和他的同事发现的规律截然相反。[7]

至少对发达地区的女性而言，推迟建立家庭的重要原因之一就是教育。当女性在学校花费更多时间接受教育后，她们要孩子的年龄就会随之延后。其他因素还包括更好的事业机会和避孕药的使用。而晚生晚育的结果之一就是生孩子较晚的女性一生中拥有的孩子数目可能更少。事实上，现代工业化社会的标志之一就是更小的家庭。2013年，北美女性平均拥有1.8个孩子，欧洲女性平均1.6个，而与此同时，该数据在拉丁美洲和非洲女性中分别是5.3和6.7。[8] 随着社会发展，人们获得清洁水源和现代医疗不再困难，感染性疾病造成的负担明显降低，死亡率也就随之下降。出生率降低之后很快便迎来的死亡率降低，这意味着一种人口转变（demographic transition）正在进行。

从19世纪开始，人口转变开始对遍布世界的各个人类群体产生影响。演化生物学家雅各布·莫德（Jacob Moorad）从人口数据库的出生和死亡记录中发现，美国犹他州在1850年左右发生了这样的转变。莫德通过数学模型发现在转变过程中，自然选择的机会变得更大。具体来说，他发现生存差异对自然选择做出的贡献降低了37%，但生育能力差异这一部分的影响却提升了45%。[9] 换句话说，在19世纪的犹他州，人口转变意味着自然选择对于人类能活多久的作用减弱了，而更多地作用于他们能有多少孩子。

进入20世纪，经济的发展持续刺激着人口转变的发生。1974年英国医学研究委员会（the United Kingdom's Medical

Research Council）在西非冈比亚的农村地区建立了一个诊所。诊所为当地居民提供免费的医疗服务，由医生扬·麦格雷戈（Ian McGregor）主持运营，他从1949年起就在冈比亚工作。这个诊所对改善附近居民的生活产生了巨大的影响，尤其是对孕妇和小孩子来说。五岁以下小孩的死亡率从超过40%降至低于10%。同时，出生率也有所下降，这表明人口转变正在发生，且在相当程度上就是由诊所的建立触发的。

麦格雷戈倾尽全力收集当地居民各方面的信息，用以了解并控制疟疾和其他疾病，诊所的工作人员还为所有前来进行每年例行医疗检查的患者测量身高和体重。这份冈比亚的数据包括对同一个体超过55年的信息进行记录，时间跨度从人口转变开始前至转变结束后。耶鲁大学生物学家史蒂夫·斯特恩斯（Steve Stearns）和他的同事们使用这些数据证明了在人口转变发生前，自然选择偏向个子较矮、体重更重的女性。但是转变发生后情况则完全相反，自然选择开始偏向个子更高、体型更瘦的女性。[10] 就像在19世纪的犹他州，人口转变改变了自然选择的作用方式——当然，也只有在这种情况下，才可能完全转换它的方向。

21世纪第一个十年的中期，斯特恩斯开始对现代人类演化产生兴趣。医生们认为人类演化已经完成，我们的生物学在演化结束的那一刻就基本冻住了。斯特恩斯为这些错误的假设感到非常失望，并开始对一些生命史事件的演化进行研究，比如繁殖的时间。他首先研究夏威夷大肚鱼（Hawaiian mosquito fish），接着又对果蝇进行探索。斯特恩斯的工作成果表明：演化的发展可以比我们先前设想的快得多。他认为这个原理可能同样适用于人类，于是开始寻找现代人类群体中演化正在进行的证据。鉴于已知绝大多数人类群体已经经历或是正在发生着人口转变，对一个已经经历过人口转变的群体进行记录将为我们演化的将来提供更好的见解。2007年，遗传学家迪达霍利·高文达拉朱（拉朱）[Diddahally（Raju）Govindaraju] 来到斯特恩斯的办公室，告诉他有这样一个群体。

高文达拉朱是一位遗传学家，参与了一项由国家心肺血液研究所（National Heart, Lung,and Blood Institute）主持的研究项目，他们收集了在马萨诸塞州弗雷明汉（Framingham, Massachusetts）小镇生活了近60年的居民们的生活史和健康数据。研究开始于20世纪中期，那时心血管疾病已经超过感染性疾病，成为美国人民第一大健康杀手。医学界不仅希望可以弄清究竟是什么原因导致了心血管疾病发病率的上升，还想知道是否有某些特定因素使得一些人比其他人更易感。1948年，他们招募了第一批5,209位志愿者参与到研究当中，约定每两年回访一次，进行体检和问卷调查。1971年，研究者又从第一批志愿者的后代中召集了第二批志愿者参与到研究之中。两组志愿者都每隔两到四年返回那栋两层的L形小楼进行回访检查，使得弗雷明汉心脏研究成为医学史上持续时间最长的多代研究。

这也正是为何斯特恩斯认为弗雷明汉的数据格外吸引人的原因。毕竟在同一个体的一生中对其进行了多次回访检查，并且数据中还包含了第一批研究对象后代的信息。斯特恩斯、高文达拉朱、博士后肖恩·拜厄斯（Sean Byars）和人口学家道格·尤班克（Doug Ewbank）一起，从这些数据中找到一些可以遗传的、影响生存和生育的改变。他们发现，与人群均值相比，父母和子女更倾向于在研究所测量的多种体征中呈现彼此接近的水平。此外，女性一生拥有后代的数量存在差异，有的没有孩子，有的则多达九个。其间的差别意味着那些拥有更多后代的女性对下一代的性状会产生更大的影响。与人口均值相比，那些子女数最多的女性，身高更矮，体重更重，总胆固醇水平和收缩压更低，并且开始生育的时间更早，绝经更迟。简单来说，斯特恩斯和他的同事们发现，自然选择在弗雷明汉持续发挥着作用。[11] 虽然有点讽刺，但让斯特恩斯开心的是，正是这些医疗数据向医生们证明，不能认定人类的演化已经结束。

有趣的是，弗雷明汉的数据说明，即使在一个已经经历了人口转变的群体中，在短短几十年的跨度里，针对一些性状的自然选择强度也可以发生改变。比如，在1950年到1990年间的弗雷明汉人群中，倾向于血液中更低总胆固醇水平的选择力在降低。斯特恩斯和他的同事认为这种变化可能反映了饮食和运动习惯的转变，也可能是公共卫生宣传教育、人们良好的生活习惯与心血管健康紧密相关起了效果，而弗雷明汉的心脏研究数据本身也显示了其中的关联。这个例子再一次证明，文化习惯可以对自然选择如何发挥作用构成影响。

但就像时尚一样，文化也可以很快发生变化。因此斯特恩斯和他的同事发现，文化对自然选择所产生的影响，使得他们非常难预测未来很长一段时间内自然选择会如何继续发挥作用。不过，数据还是允许他们对目前处于选择作用下的性状在未来几代中怎样变化做出一定的推测。据他们预测，如果当前的趋势继续，那么十代后，弗雷明汉的女性身高会降低1.3%，体重增加1.4%，总胆固醇水平和收缩压会分别降低3.6%和1.9%。他们还预测，十代后，女性首次生育的平均年龄将提前五个月，绝经时间则推迟十个月。这些变化都很细微；发生在弗雷明汉的自然选择并不像在斯特恩斯的果蝇和大肚鱼中那样，一切似乎都在非常缓慢地进行着。

尽管准确预测特定性状在未来的变化听上去非常诱人，但从弗雷明汉研究中我们可以得出结论：在这个位于新英格兰地区城郊、拥有低出生率和低死亡率、已经完成人口转变的小镇，自然选择依然继续发挥着作用。就像犹他州和冈比亚一样，人口转变后，绝大多数孩子出生后都能够活到成年，因此对于影响生存的性状的自然选择，其相对强度就很低了。但与此同时，影响生育能力的性状则处于增强的自然选择中。

弗雷明汉研究所发现的经历自然选择的性状中，有两个与生育能力明显相关：首次生育年龄和绝经年龄。自然选择在弗雷明汉地区偏向首次生育年龄更早的女性，这一点与榛子岛的数据一致，表明该性状可能并未受到人口转变的影响。的确，在2010年由斯特恩斯、拜厄斯、高文达拉朱和尤班克共同撰写的一篇综述文章中，他们总结了截至当时共计14项寻找自然选择作用于现代人类群体之证据的研究，发现无论是在未实现工业化的还是已经工业化的群体中，首次生育年龄都是最常被确认受到选择影响的性状。[12] 除了弗雷明汉的数据，另有五项研究都发现证据证明，自然选择偏向更早的首次生育年龄，并且其中三项的研究对象分别来自美国、澳大利亚和欧洲，都是20世纪后工业化的人群。

有趣的是，尽管已知自然选择偏向更早开始生育，但事实上绝大多数女性初为人母的年龄均在增长。在经济合作与发展组织（Organization for Economic Cooperation and Development）的34个成员国中，首次生育的平均年龄在1970

年到2008年间从24岁延迟到28岁。新晋妈妈年龄的差异与受教育程度间具有很强的相关性。在美国，62%的未接受高等教育的女性在25岁之前就有了第一个孩子，拥有本科学历的女性首次生育平均年龄为28岁，而在拥有硕士或是更高学历的女性群体中，该平均值上升到了30岁。[13]

这种矛盾表明，尽管自然选择有发挥作用的机会，但工业化人群对选择所产生的应答显然不同于米洛特和他的同事们在未工业化的榛子岛上发现的方式。这种矛盾同样也突出了现代社会中文化与演化力之间的博弈，而在首次生育年龄的例子中二者就是完全对立的。斯特恩斯在一次Skype谈话中说道："生物学告诉女性，如果她们成熟得更早，将来就会拥有更多的孙辈。但是文化却告诉她们如果晚一些成熟，就能拥有更加成功的事业。"我们并不知道存在于这两种相反作用力间的动态变化最终会产生怎样的结果，然而可以肯定的是，文化与自然选择之间复杂的相互作用对于我们这个物种的未来将变得愈加重要。

对女性首次生育年龄更早以及标志着生育能力终结的绝经年龄推迟的预测意味着，将来，弗雷明汉的女性将拥有更长的生育时间窗口。绝经期推迟这一点尤其有意思，因为它突出了人类生殖生物学中的一个特性。我们是在女性失去生育能力后依然可以正常生活多年的唯一一种猿类和仅有的几种哺乳动物之一。[14] 绝经期很特别，也一直是演化上的一个谜团：自然选择的目的是增加生育产出，那么为何又会偏向一个导致产生后代能力下降的性状呢？

演化生物学家乔治·威廉斯（George Williams）观察发现，分娩是非常危险的，并且对于母体的风险性随年龄增加而不断升高。以此为基础，他在1957年提出了一个想法。[15] 作为人类母亲，分娩的风险相较于其他物种要大得多，这是因为人类有颗大脑袋。威廉斯认为，从演化角度来看，对那些已经有了孩子且年纪较大的女性而言，最好不再生育更多，而是转而集中精力抚养孙辈。如果一位女性倾尽全力保护孙辈们的生存，那么孙辈们就更有可能长大成人并拥有自己的孩子。如此这般，一位女性就通过帮助照顾其子女的后代而留下了更多的曾孙辈，而不是自己冒着巨大风险去生育更多的孩子。

与聚焦于母亲继续生育所面临的风险的“母亲假设”相反，人类学家克丽丝滕·霍克斯（Kristen Hawkes）针对绝经谜团，提出了以强调祖母重要性为核心的解释。我们在盐湖城距离她办公室不远的一家泰式餐馆里，一边喝着泰式辣汤，一边听她讲述着一切是如何发生的。霍克斯曾经研究一个在坦桑尼亚以传统的狩猎–采集方式生活的土著部族——哈扎人（Hadza）。她对他们如何获取食物非常感兴趣，尤其是不同的部族成员到底分配多少时间来完成与食物相关的任务。研究发现，女人和女孩会花大量的时间来收集食物，尤其是年长的女性，她们一天中的绝大多数时间都用来从石质土壤中挖出薯类。而对母亲来讲，分配在养育上的时间对后代的健康水平有非常直接的影响，但有幼子的母亲在为较年长的孩子提供食物上效率较低。此时，祖母便可以通过为孙辈们提供薯类或其他食物来弥补这种差异，使母亲们集中精力照顾婴儿直到断奶。[16]

霍克斯对哈扎人的研究为祖母可能帮助增加后代的数目提供了直接机制。因为母亲不再需要等待幼子自立后再生育下一个孩子，祖母可以帮忙为孩子们提供足够的食物，从而使她们实现在一生中多次生育。尽管霍克斯的观察是基于一组现代人群，并不能直接证明是来自祖母的帮助导致我们的祖先产生绝经的演化，但她与数学家彼得·金（Peter King）共同开发出的一款计算机模型表明，该因素足以推动过程的发生。[17] 他们的模型基于一个假设的原始物种，该物种拥有与黑猩猩相似的寿命。它们的生殖能力随年龄而逐渐下降，并随死亡而消失。向其中加入祖母可以提供的帮助后，模型显示它们的寿命可以在经过多代后演化得与人类近似，此时预期的寿命远远超过了生育能力停止的年龄。

但是，2012年提出的一个解释灵长类行为的假设推翻了霍克斯的想法。她的“祖母假设”认为祖母带来的福利导致自然选择偏向延长生育后的寿命，然而“自我驯化假设”认为，针对反社会行为的选择会偏向延长寿命，使女性有可能成为一名乐于奉献的祖母。史蒂夫·斯特恩斯和他的博士生迪特尔·埃伯特（Dieter Ebertti）发现，随着女性年龄增长，卵细胞的遗传质量逐渐降低，这是质量控制机制开始瓦解所导致的。基于这一观察，他们提出了另外一种假设，用来解释绝经是如何演化出来的。他们认为这一过程可能导致自然选择更加偏向质量而非数量，正如实际情况所示，年纪较大的女性生出的孩子出现遗传缺陷的风险更高，这无疑会影响他们的生存机会或是生育率。[18]

尽管每一种假设都提出了自然选择最初偏向绝经的不同原因，弗雷明汉的数据还是令那些过去必然存在的、由绝经带来的演化上的好处显得似乎不再那么必要。女性分娩的危险已经随着现代医疗的发展大大降低。霍克斯指出，现代社会的祖母抚养孙辈的角色已经不再像传统社会中那么重要了，毕竟那时的家庭结构还和我们的祖先极为相似。众多因素对这一过程产生影响，其中部分原因可归结为居住模式的改变影响了祖父母与孙辈们之间的居住距离。在1900年的美国，65岁及以上的居民中有57%生活在一个多代家庭中。但是到了1980年，就仅余17%依然如此。家庭已经在很大程度上分散开了，并且大量研究发现，祖孙之间的接触也随着他们居住距离的增加而减少。[19]

如果祖母是绝经演化背后的原动力，那么工业化社会所带来的家庭动态变化则可能降低她们的演化价值。与此观点一致的是，弗雷明汉的研究证据表明女性绝经年龄在许多更发达区域逐渐推迟。尽管绝经期的开始可能与多种因素有关，其中包括吸烟和手术介入，但这一趋势表明，对工业化社会中的女性来说，自然选择可能更偏向于保持持续生育能力的好处，而不是生育能力的结束。事实上，在40岁甚至50岁时生下孩子的女性比例已经上升——当然，一部分要归功于辅助生育技术的应用。[20] 如果所有这些趋势都持续下去，那么经过多代对自然选择做出的应答，未来的女性很有可能将完全不再出现绝经。

并非只有女性在生命的更晚些时候才有孩子。在全世界许多发达地区，父亲的平均年龄同样在增长。以冰岛为例，从1980年到2011年间，父亲的平均年龄已经从28岁增长到33岁。通过比较冰岛父母及其子女的全基因组数据发现，父亲比母亲传递更多突变给后代，并且父亲的年龄越大，后代获得的突变就越多。其中的原因在于，与只能在特定年龄段产生的卵细胞不同，精子可在男性的一生中持续产生，也就意味着年纪较大的男性所产生的精子来源于已经分裂多次的细胞，为突变的发生提供了大量机会。拥有更多突变似乎可以部分解释为何父亲年龄较大的孩子患精神分裂症和自闭症的可能性更高，尽管导致这些疾病的遗传基础目前尚不清楚。[21] 人群中突变数量的增加为自然选择提供了更多的原始材料，意味着这些人口统计学上的改变可能对我们今后的演化潜能造成影响。

这一章的研究说明进入现代后，人类演化依然在继续，但是经济发展和工业化所带来的改变已经影响到自然，进而对作用于我们身上的自然选择也构成影响。目前我们主要是以人口记录和医学研究等可得的数据为基础，窥探那些仍在经历自然选择的性状。由于所涉及的研究并非专为捕捉演化上的改变而设计，因而整个研究还非常受限。尽管如此，我们仍可以清晰地看到，最近几个世纪中，科学、技术、医学以及生活的整体水平上的改善已经对我们这个物种进行中的演化产生了非常深远的影响。

随着我们迈入一个越来越多的人类群体都已经过人口转变的时代，就不得不把生育能力选择相关性的增强将如何影响我们未来的演化纳入考虑范围，包括如何选择性伴侣，以及那些会影响我们拥有多少后代的因素。换句话说，当我们讨论人类这个物种的未来时，可能没有比性更重要的话题了。

4
性

究其核心，演化是关于后代的。忘记所谓的适者生存吧，生存对演化非常重要的唯一原因就是，一旦死了就没法再生育。最终，自然选择会偏向任何可以产生最多后代子孙的性状。在已经发生了人口转变（见第3章）的人类群体中，绝大多数孩子出生后都可以活到生育后代的年纪。如今99.4%出生于美国的宝宝都可以活到庆祝一岁生日，并且可以期待再多庆祝79次。[1] 在这样的人群中，自然选择对那些促进生存的性状的选择力量变得越来越弱，转而更多地针对那些可以让你比邻居拥有更多孩子的性状。因此，我们未来的演化，一定与性息息相关。

达尔文本人是发现性和生育在演化过程中重要性的第一人。在他撰写的《人类的由来及性选择》一书中，达尔文不仅将他的理论应用于人类，还将其扩展，引申出了演化改变的另一种机制——性选择（sexual selection）。[2] 性选择不同于自然选择，因为性选择偏向的性状可能与生存并不相关。[3] 一个经典的例子就是雄孔雀尾巴上精美的羽毛。不难想象，如此长而绚丽的尾巴其实完全不会给野外生存带来任何优势。达尔文的观点认为，尽管类似于雄孔雀尾巴的性状并不能帮助其避免死亡，但它之所以受到选择的偏爱，是因为可以产生更好的繁殖结果。由于雌孔雀更偏好与那些尾巴上有眼状斑点、更明亮多彩、与周围环境形成强烈对比的雄性交配，因此相比之下，拥有此类特点的雄性就会留下更多后代。[4] 雄孔雀——注意，不是雌孔雀——的腿上还有非常锋利的刺，对帮助它们生存也用处不大，主要是在与其他雄性争夺接近雌孔雀的机会时作为战斗武器。雌性的选择以及雄性间的竞争，这两种机制就是性选择的基本。

如今生物学家认为，雌性之所以对雄性的某些特定性状产生偏好，是因为将其作为雄性基因质量的一个指征，如果与之交配，其中一些就会传给它们的后代。雌孔雀的想法大概是这样：如果与一只羽毛最光亮多彩的雄性交配，那我们的孩子一生下来就是超级孔雀。尽管那颀长显眼的尾巴可能成为孔雀长寿的阻碍——以色列的鸟类学家阿莫茨·扎哈维（Amotz Zahavi）指出，那些被雌性偏好的性状往往对雄性生存本身有害——但或许刚好也构成了产生这种偏好的关键。扎哈维的这个想法被称为不利条件原理（handicap principle），表明那些受偏爱的性状确实可以作为高质量基因的可靠指征，因为如果雄性没有其他优质基因提供支持，是没办法伪装出这些性状的。[5] 试想，如果一只雄孔雀想要拥有举世无双的漂亮尾巴，但缺乏足够的体力逃脱捕食者的追赶，那么很可能在获得交配机会之前就一命呜呼了。由此，雌性就可以确定那些拥有对自身生存不利性状的雄性才是真正的强者。

另一个雌性选择的性状对雄性自身生存不利的例子来自中美洲的南美泡蟾（túngara frog）。在我的研究生时代，第一次实地考察就来到了这种蛙非常常见的巴拿马。我们住在曾是美国军队营房的运河沿岸，现在这里由史密森尼热带研究所（Smithsonian Tropical Research Institute）运营。这个地方有种鬼镇的感觉，一条条空空如也的街道，废弃的儿童游乐场重新被森林吞没。天黑之后，空荡荡的街道两边填满水的壕沟里，回响着小小的雄性南美泡蟾特有的鸣叫声，平添了诡异的气氛。

行为生态学家迈克·瑞安（Mike Ryan）已经对这个物种研究多年，他发现虽然雄性南美泡蟾发出的声音与其他所有蛙类的叫声一样，都是用来吸引雌性的，但实际上叫声中包含了两个部分。[6] 第一部分叫作哀鸣，是一种高音调的吱吱声，足以引起雌性的注意并有可能说服它们进行交配。但是有些雄性南美泡蟾加入了第二部分：一种低沉的咕咕声，这让它们的歌声听上去尤其奇怪，但足以让雌蛙为之疯狂。事实上，叫声中咕咕的部分很可能为那些热情的雄蛙带来不幸。这些声响回荡在雄蛙的四周，并在周围的水面上产生一圈圈涟漪，恰恰可以帮助粗面蝠轻松地定位自己的捕食目标。如果这对雄蛙来说还不够糟糕的话，那么咕咕声还会吸引吸血的蝇，在雄蛙唱歌时落到这些可怜的家伙鼻子上吸血。倘若只有自然选择，那绝不会偏向这种同时吸引捕食者和寄生虫的行为，但正是由于它可以提高交配成功率——至少在那些可以活到交配的雄性中是这样，因此仍为性选择青睐。

尽管包括扎哈维、瑞安在内的许多研究者已经在很大范围内对动物的性选择进行了研究，我们对人类的性选择依然知之甚少。这种情况就给我们思索未来演化图景的过程带来了一些问题，毕竟这是一个选择主要针对生育能力差异而起作用的世界。但是从其他物种的研究中，我们知道了性选择的两个主要组成部分是配偶选择（在绝大多数物种中都由雌性来选择它们的雄性伴侣）和获取交配机会的竞争（通常发生在雄性间）。通过在人类中探索这些已知的过程，我们可以拼凑出一幅关于性选择的图景，从中了解到性选择过去曾如何对生育能力造成影响，将来又会如何继续进行下去。

也许并不令人意外，人类选择他们性伴侣的方式已经引起了广泛的关注，其中不乏来自众多领域的研究者。其中大部分工作是由心理学家完成的，因为这属于人类行为范畴。[7] 演化心理学这一领域在20世纪80年代末浮现出来，借由20世纪70年代发展起来的想法，将遗传学与行为的演化联系到一起，在20世纪90年代初发展成为心理学的一个分支学科。钻研演化心理学中有关人类配偶选择和性行为的文献时，会不由产生类似于青少年发现一堆小黄书的感觉，让人兴奋不已，脑洞大开。而阅读标题为“口交辅助的性高潮是男性保留精子的策略么？”的文献时，肯定不想被别人抓个正着。尽管存在不少令人脸红的因素，演化心理学家还是在记录和解释人类怎样以及为何选择他们的性伴侣方面取得了很大进展。

举例来说，想想我们如何观察其他人的脸。我们可以对一个人的年龄、性别、精神状态和健康状况即刻做出判断，也可以仅凭短暂一瞥就得出这个人是否有魅力的结论。心理学家戴维·佩雷特（David Perrett）已经对人类如何感知面部特征进行了深入探索。12月末的一个早上，我拜访了佩雷特的实验室。当我被引荐给一位身穿亮红色袋形裤和毛茸茸的紫色夹克、长长的头发一半染成绿色另一半是红色的男士时，着实吃了一惊。他的实验室在苏格兰的圣安德鲁斯大学（University of St Andrews），位于古老的圣安德鲁斯镇中心，就在圣玛丽的四方园子旁边，距离著名的高尔夫球场不远。佩雷特的样子与周围环境的庄严肃穆形成鲜明对比，简直不能更格格不入了。我必须承认在我们谈话的前二十多分钟，我不断被潜意识里的一个想法分心，感觉自己作为实验的一部分受到了这位世界上最知名的面部感知专家的评估——观察我对他不同寻常的样子有什么反应。

佩雷特在近威尔士边界的一个英国小村子长大，最初作为生理学家接受了专业训练，他的早期研究集中在神经细胞上，或叫神经元。他对单个神经元就可以识别视觉模式的惊人能力产生了浓厚的兴趣，并好奇更加复杂的神经元网络有什么功能。他在好奇心的指引下开发出一套工具，可以用来判断我们的大脑（本质上就是巨大的神经元网络）在对人脸做出判断时使用了哪些线索。

佩雷特开发出来的工具，其实在很多方面是一百多年前另一个英国人的偶然发现的现代升级版。[8] 弗朗西斯·高尔顿是维多利亚时代的一位博物学家，也是优生学之父，他对研究罪犯是否存在共同的脸部特征非常感兴趣。当时，通过仔细观察脸部特征就能看出此人性格的观点相当流行，如果高尔顿可以得出罪犯们都长什么样的结论，那么也许就能在他们犯下罪行之前将其指认出来。为了实现这一构想，他给几位已经被定罪的罪犯拍照，并且将所有照片置于同一张底片上。结果，洗出来的照片就是一张由所有单个罪犯的脸叠加而成的脸。他在同一张底片中引入的脸越多，叠加出的脸就越不像任何一个拍摄对象，而更接近他们的平均脸。令高尔顿失望的是，他并没有发现任何面部特征可用于标记杀人犯或窃贼，但他注意到叠加出的图片看上去要比任何一张单人肖像都更好看一些。

佩雷特将这种照片混合技术引入了数码时代，通过复杂的计算工具可以在电脑屏幕上以任何想象得到的方式去扭曲或塑造一张脸。其中一项研究结果为高尔顿观察到的现象，即罪犯的混合脸通常比他们中的任何一个都更好看，提供了有力的支持。在其他方面都相同的情况下，研究者发现被我们判定为具有吸引力的脸，其特征通常更接近我们看到的其他脸的平均值。举例来说，如果在你的家乡鼻子长度的变化在四到六厘米的范围内，那么你有更高的可能性认为一个鼻子五厘米长的人比较有吸引力。

佩雷特的实验室在一个很大的房间里，沿着一面墙设立了几个计算机工作站，参与研究的志愿者会来到这里对脸部进行评估。每个工作站都有一个电脑屏幕，两侧均有隔板隔开，使被试者与外界的视觉干扰隔绝。一间相邻的房间看上去更像是一个肖像照相馆，里面有照相机、三脚架、光源和其他拍摄被试者所需的摄影器材。通常，佩雷特研究的大多数参与者是来自圣安德鲁斯大学的学生，但他也在研究中加入了不同年龄、种族和性取向的人，以便探索究竟让一张脸变得吸引人的普适规律。

除了平均性，佩雷特的研究组还发现，男性几乎一致偏爱面部女人味更强的女性，而女性有时偏爱面部特征更男性化的男性。那些让男人看上去更阳刚、女人看上去更有女人味的面部特征只有到了青春期之后才变得明显起来，因为随着睾酮和雌激素这两种激素相对水平的变化，男性和女性的脸开始按照不同的方式被塑造。女性的脸相较于男性变化更小，通常会拥有更小的下巴和更丰满的嘴唇。男性的脸倾向于有更大的下巴和眉弓，且普遍比女性更宽。至于男性化特征更强的脸是否更具吸引力，一部分要取决于由谁以及何时来做评判。女性对男性面部特征的偏好在一定程度上受到月经周期的影响。处在排卵期的女性倾向于认为更加阳刚的脸具有更强的吸引力；而其他时间，女性则认为拥有更加女性化脸颊的男人才更具魅力。偏好同样会因为打分的女性对长期亲密关系更感兴趣（这种状态下更倾向偏女性化面容的男性），还是更加青睐短期关系（倾向更阳刚的脸）而异。

兰迪·桑希尔（Randy Thornhill）是新墨西哥大学（The University of New Mexico）的一位生物学教授，他记录下了决定我们评判一张脸的魅力值时会考虑的第三个因素。当桑希尔还是名12岁的小男孩时，他阅读了《人类的由来及性选择》，并开始对性选择产生浓厚的兴趣。他在阿拉巴马州长大，当时在那里想要找到一本达尔文写的书绝非易事。尽管并不能对全部的细节都理解透彻，但他发现达尔文对女性如何选择伴侣的想法很有意思，并且与他青春期时的兴趣高度契合。后来，桑希尔上了大学，首先在奥本大学（Auburn University）拿到了本科和硕士学位，接着又在密歇根大学一个名不见经传的实验室里完成了以蝎蛉为研究对象的昆虫学博士论文。他注意到，一些雄性日本蝎蛉的外生殖器是非常不对称的，看上去颇为奇怪。通过进一步观察，他发现这种不对称在身体的其他部分也同样存在，比如翅膀。他开始设计实验来探究在对称性上有所差别的蝎蛉是否在其他方面也存在差异。事实的确如此：雌性偏向与更加对称的雄性交配，对称性更好的雄性也更容易接近雌性配偶，并且更具对称性的雄性和雌性在食物竞争中都表现得更好。

桑希尔好奇对称性对人类是否也同样重要，他在一次于日本召开的学术会议上遇到了人类学家卡尔·格拉默（Karl Grammer），此后他们便就这一课题展开合作。尽管此前也有人注意到面部的对称性问题，桑希尔和格拉默开发出的是一种更好的方法，用来确定人类面部对称性与被试者做出的吸引力评价之间是否存在相关性。尽管他们最初的研究仅包含16张未经修改的脸部照片和7张叠加照片（将几张真实脸部的照片混合到一起），参与评分的德国大学生们却对脸部更加对称的异性照片表现出明显的偏好。[9]

桑希尔继续与同样来自新墨西哥大学的心理学家史蒂文·康格斯特（Steven Gangestad）合作，进一步扩展了关于对称性在人类面部吸引力和配偶选择中发挥作用的研究。尽管现实中绝大多数脸都存在一定程度的不对称性，比如说，有一个稍稍弯曲的鼻子或是一侧的耳垂比另外一侧稍长，但越对称的脸就会被认为越有吸引力的结论具有压倒性的证据。佩雷特研究组也发现了同样的结果。通过修改数码照片，他可以使形状之外的所有面部特征保持完全一致，让它或多或少变得更对称一些。参与研究的被试者对看到的脸进行吸引力评价，其中60% ～70%的人认为那些被修改得更对称的脸更加吸引人，74%的被试者偏好完全对称的脸——当然了，人类先天极少有这样的脸。[10]

桑希尔和康格斯特对研究的参与者进行了详细的问卷调查，他们发现男性面部对称性（而非女性）与许多性相关因素有关。脸部更对称的男性开始性生活的年龄更早，拥有更多的性伴侣，并且他们的性伴侣获得性高潮的频率也更高。桑希尔和康格斯特在几项研究中甚至还发现，女性可以感受到面部对称性更强的男性的气味。[11] 标准的研究过程如下：作为被试者的男大学生被要求连续两晚穿同一件全新的棉质T恤，期间不可以使用任何香体剂或人工香水，严禁吸烟或食用味道强烈或辛辣的食物。随后这些T恤被拿到实验室中，让参与研究的女性被试者（同样是大学生）闻，并根据感觉味道舒适、性感或强烈的程度进行评分。研究者还给男性被试者拍摄了照片，并对他们的面部对称性进行评分。研究结果除了证明大学生们为了在心理学入门课程中拿到学分而拼尽全力参与以外，还揭示出女性认为来自面部对称性更高的男性的衬衣更好闻，甚至更加性感。在参与评分的被试者中，这种偏好以处于月经周期中最易受孕阶段的女性最为强烈。

平均性、性别差异和对称性这三个因素很大程度上可以解释不同面孔在吸引力方面的差异。佩雷特表示还有其他因素同样发挥了作用（目前他和他的同事们正在探索肤色的重要性），并指出偏好并不具有普遍性。一张脸对一个人是不是有吸引力的看法部分取决于此人的视觉习惯，也就意味着在其成长过程以及日常生活中所看到的一切都将带来影响。生活在工业化世界的我们每天在生活中看到的人，不管是当面，还是在照片中、网络上，或是电视电影里，都是越来越多样化的人类样本。而对上一辈来讲，他们周围的人很可能绝大多数都跟自身非常相像。我们不但有更多的机会看到那些跟我们不太一样的人，并且我们看到的人——尤其是出现在电影和杂志中的，通常都极具吸引力。这种多样性可能会使我们在对他人以及自身的吸引力做出评价时，在对平均性的感知方面出现偏差。

面部的吸引力对人类配偶选择至关重要，但我们同样还会看彼此的身体。身高被广泛认为是男性吸引力的一个重要因素。针对在线约会网站的个人资料和征婚广告的研究发现，身高是女性在寻找男性对象时最常提到的性状，身高较高的女性偏好更高的男性，而较高的男性发出的广告或个人资料也会得到更多的回复。[12] 来自英国的数据表明，92.5%的异性情侣中男性更高。

平均来讲，男性普遍比女性更高。在美国，男性约高出女性9%，大概13.97厘米的身高差。[13] 这种两性之间始终如此的体格差异，被生物学家称为两性异形（sexual dimorphism），透露出性选择的信号。所以，或许正是女性偏好身材更高的男性，才造成这一差别的产生。或者说，考虑到确实存在身高差异的事实，我们是否应该期待绝大多数的异性情侣中男性更高仅仅出于巧合？很有趣的是，在一个来自英国、包含身高差的样本中，如果不考虑身高而随机进行情侣组合，那么实际上得到的男性更高的情侣对数要比现实中观察到的更多。

就像孔雀尾巴的羽毛，这些人脸或体貌特征被作为选择异性时的部分线索，从中可以获得关于该个体是否合适作为潜在配偶的信息。桑希尔、佩雷特和他们的同事相信，从生物学角度来看，女性认为面部对称的男人更加性感，原因在于对称性是在胚胎发育早期建立起来的，过程中可能受到任意因素的干扰，比如一些微小的遗传改变，或是接触到了感染性疾病、压力过大等，都有可能以各种各样的形式留下一些不对称的痕迹。从理论上来讲，拥有良好基因的个体可以经得起种种问题的考验，保持对称地生长。因此，选择具有高度对称性的伴侣，就是在给未来的孩子选择一个优良的基因资源库。就像拥有一条充满明亮多彩的眼状斑点尾巴的雄性孔雀，其优良的基因构成了一种巨大的性刺激。

同理，对平均水平的偏好也可以解释为一种避免罕见遗传形式的方法。一个脸型奇怪的人的基因组中很可能还潜藏着其他的基因异常，从逻辑上讲，最好避免这些异常出现在后代身上。另一方面，对女人的女性化面容和男人的阳刚面容的偏好，科学家们相信与激素水平有更直接的关系。由于生育能力与雌激素水平密切相关，因此一般来讲，拥有更加女性化的面容和身体特征的女人，生育能力也更强。[14] 而男性脸上的阳刚之气与睾酮水平密切相关，这往往也会影响身高。但目前已知睾酮对免疫系统会产生抑制作用，因此在更男性化长相的男人中，就出现了扎哈维曾经提出的不利条件原理——在众多感染性疾病面前，他们依然健康地炫耀着荷尔蒙。

对女性来讲，气味是选择配偶时的另一个重要因素。桑希尔和康格斯特认为女性在气味上不仅偏好更加对称的男性，还能据此分辨出那些免疫系统与自身具有相似性的男性。人类基因组中含有编码组织相容性复合体的基因，它们是免疫系统中判断“自己”和“异己”的重要元素。比如，血液中的细菌细胞会被主要组织相容性复合体认定为外来物，从而敲响警钟，开启免疫应答。不同个体间主要组织相容性蛋白存在巨大差异，这也是器官移植后会出现排异的主要原因，免疫系统把新的组织视为“异己”，并对其发起进攻。[15] 编码主要组织相容性复合体的基因，是人类基因组中最具多样性的，毕竟它们必须紧跟不断涌现出的各种致病微生物的变化。

对于女性可以通过气味分辨男性主要组织相容性复合体

的研究，最早出现在瑞士，同样以大学生作为被试群体。[16] 在1995年发表的论文中，克劳斯·韦德金德（Claus Wedekind）和同事们指出，女性更偏好来自主要组织相容性复合体型类与自身不同的男性T恤上的气味。实验中主要组织相容性复合体的状况通过血液检测得到确定。他们认为这种偏好可能是为确保后代拥有更多样化的主要组织相容性复合体，在与感染性疾病斗争的过程中占据优势，同时还可以避免近亲交配及由此升高的出生缺陷概率。他们的论文激起了大量后续研究的跟进，同时其实验设计也受到了一些研究者的质疑。后续那些使用改良方法完成的实验，几乎一致地支持女性偏好拥有不同主要组织相容性复合体型类的男性这一结论，尽管目前对于真正伴侣所拥有的复合体型类，还没有明确的比较结果。[17]

人们对伴侣的一些体格特征具有一致性的偏好，这表明性选择可能偏向那些对伴侣更具吸引力的特征。我们已经得到证据，那些被认定为更具吸引力的人普遍拥有更活跃的性生活。但是当涉及演化中最重要的议题——繁殖时，吸引力又有多重要呢？如果面部对称性较低的男性比那些面部对称性高的男性留下的后代更少，那么面部对称性，或者说吸引力，应该在今后的世代中变得越来越普遍。

出乎我意料的是，目前有关这个问题的研究非常少。但一组来自威斯康星的数据表明，至少在一些情况下，有吸引力的人的确拥有更多的孩子。心理学家马库斯·约凯拉（Markus Jokela）加入了一项有超过10,000人参与的、正在进行中的多代研究，该项目对1957年州立高中的毕业生进行随机抽样，并随后对样本及样本的家庭展开跟踪调查。约凯拉通过高中纪念册的照片确定每个人在他们最美好的年华所拥有的吸引力评分，然后将评分与他们的家庭大小进行比较。平均下来，被评为有吸引力和非常有吸引力（吸引力的最高等级）的女性相比那些处于最低的两个等级的女性，拥有孩子的数量分别多了16%和6%。最没有吸引力的男性相比那些更具吸引力的男性来讲，子女的数目低了13%。[18]

一直被女性视为更具吸引力的高个子男性也拥有更多孩子。[19] 20世纪80年代，通过对参与强制医疗检查的波兰男性的家庭大小进行比较后发现，没有孩子的男性的平均身高要矮于至少有一个孩子的男性。一项更有说服力的研究来自美国西点军校1950年的毕业班，其中更高的男性在他们的一生中比相对较矮的男性养育了更多孩子。不过在这个例子中，原因主要在于个子更高的男性再婚频率更高。西点军校的这项研究可以排除任何事业成就、社会经济状况，或是其他已知与身高相关的差别所带来的影响，这表明，性选择的确更偏向高个子的男性。

正如任何一个已经被选择打磨了上千年的性状，我们对性伴侣的偏好逐渐使得我们拥有更多的子孙后代。但随着现代化介入这一过程，它很可能以影响自然选择的同样方式对性选择产生影响。伴随现代化出现的改变影响着我们选择性伴侣的方式、对伴侣特征的偏好，以及性行为与生孩子之间的关系。

韦德金德和同事们最初发表的论文，不仅揭示出女性偏好与自身主要组织相容性复合体不同的男性的气味，与此同时，他们还发现了一个或许更加惊人的结果。在49位参与研究的女性中，有18位正在服用激素类避孕药，而她们更倾向于主要组织相容性复合体型类与自己更为接近的男性的气味。后续研究通过对服用和不服用避孕药的女性的偏好进行比较，证实服药者的选择偏好确实发生了改变。另一项研究对被试女性在开始服用避孕药前和已经服药一段时间后进行比较，发现她们对气味的偏好的确有所变化。偏好的变化同样发生于服药的女性对健康和阳刚之气指标的选择上，并且还有研究表明她们和伴侣在一起时性满足感更低。[20]

激素类的避孕药是美国最常见的避孕手段，超过80%的成年女性表示曾在她们人生中的某一阶段使用过。放眼全球，约有一亿女性使用避孕药，尽管在更发达国家中相对更普遍。在过去几十年中，欠发达地区避孕措施的普及情况已大大改善，但据世界卫生组织（World Health Organization）估算，至2015年，还有2.25亿女性依然无法获得包括药物在内的现代避孕措施。[21]

女性通过演化线索将生育的成功最大化的能力，由激素类避孕药的使用带来了很大改变，但药物究竟如何影响了她们的偏好，这至今仍不清楚。考虑到气味在人类择偶过程中的重要性，除臭剂和香水的大范围使用在我们寻找潜在伴侣的过程中设置了又一重挑战。包括可以改变皮肤和嘴唇颜色、质感等的化妆品在内，都可能给我们察觉健康、年龄、激素水平等的能力造成干扰，而这些对我们如何选择性伴侣都非常重要。

另一个影响人类伴侣选择的趋势就是网络的普及和寻找性伴侣的社交媒体的使用量增加，其中还包括长期伴侣。[22] 在线约会平台在美国的受欢迎程度激增，2013年约有11%的成年人曾经尝试过。在单身并且积极寻找伴侣的人群中，有38%的人使用过在线约会网站或是手机应用。而在这些使用在线约会网站的人群中，有三分之二会与最初在网上相识的人见面，并且近四分之一发展成为长期的亲密关系，包括走进婚姻。尽管通过传统方式遇到一位长期伴侣依然更为常见，但当下有5%的成年人是在网上遇到了他们的长期伴侣，且这一比例在十年之内翻了一番。而在那些保持了十年左右的长期关系中，有11%相识于网络。鉴于这一趋势，以及在线约会在新生代中最常见的事实，也许在网络和社交媒体等技术的帮助下，遇到对的人在未来将变得越来越普遍。

在线约会之所以可能会对我们演化的未来产生影响，是因为它会改变那些伴侣选择条件的相对重要性。就像我们已经看到的，比如对于我们评判吸引力非常重要的面部对称性和平均度等视觉线索，在约会网站上看某人的照片时依然可以延用。但另一方面，气味却只有在两人决定见面后才能作为考量因素，因此便难以作为伴侣选择的首要过滤条件。

在线约会还可能通过促成那些在现实中缺少机会相见的人之间的交流，从而改变伴侣选择在地理上的分布特点。尽管地理的限制依然令位于地球两端的两个人最终走到一起的概率很低，但在线约会的确让一个人遇到自己家庭、社交、工作圈以外的人变得容易多了，只需轻轻敲击键盘就可进入一个巨大的潜在伴侣网络。

在这里，我可以分享一下我的个人经历。在我二十四五岁还是个研究生时，一次分手令我想去认识一些新的朋友，只是我并没有太多时间可以花在夜生活上。绝大多数我认识的女性都是来自同一个项目的研究生同学，但我并不想另一半跟我一样都是生物学家。所以我注册了一个在线约会网站，挣扎着填写完一份个人资料，竭尽全力表现我的性格和兴趣，并且上传了一张自认为看上去还不错的照片。在与一个女生交换了几条信息后，她欣然接受了我的邀请，答应与我共进晚餐，对此我感到十分吃惊。她是和我同一所大学的护士项目研究生，只不过在校园的另一端学习。之后她成了我在网上认识的约会对象，也是唯一一个。两年后，我们结婚了。

尽管我们都是同一个学校的研究生，但若不借助在线约会网站的帮助，我们相识的机会微乎其微。我们没有共同的熟人，在仅有的闲暇时光里，我们常到学校的不同地方玩。后来她告诉我，那片我常待的地方她甚至从来都没有去过。即使有了技术的帮忙，我们的第一次约会也差点错过。我们约好在一个餐馆见面，我告诉她我会穿一件黑色夹克（我觉得看上去挺酷的）。但是天气预报变了，那件厚厚的黑色夹克可能会太热，所以我换了件薄一点的棕色夹克。后来我了解到，她提前到了我们约好的地点，在开车经过时看到一位身穿黑色夹克的男士站在餐馆前面，她以为那就是我。问题是这个人差不多比我重100磅，令她感到非常惊讶，因为她在网上看到过我的照片，以为自己要见的人会更瘦一些。她告诉我，尽管我的体重对她来说并不是问题，但我发了一张失真的照片让她很反感。她很怀疑我是否还在其他什么地方对她不够诚实。但对我来说很幸运的是，她当时给一个朋友打了电话，朋友劝她不管怎样还是继续赴约。在她停好车到达餐厅的时候，那个身着黑衣的神秘男士消失了，他刚刚所在的位置上站着一个穿棕色夹克的羞涩男生。她起初很困惑，但还是认出了我的脸，于是我们开始了众多可爱约会中的第一次。

这种被察觉到的不诚实让我差点错过我的妻子，这也是在线约会网站所面临的挑战之一：很容易上当受骗。传媒科学家杰弗里·汉考克（Jeffrey Hancock）和卡塔莉娜·托玛（Catalina Toma）通过研究发现，在线约会网站的个人资料中有很多都是不准确的信息。[23] 通过将在线约会网站上的个人资料与单独收集到的信息相比较，汉考克、托玛和同事们发现，男性比女性更容易对自己的身高不诚实，而女性则更容易在她们的体重上撒谎。

这两种情况下，不诚实背后的意图都是为了让自己显得更具吸引力。男性和女性都经常使用一些并不真实的资料照片，有的已经过时了，还有些被修改过或是在某种程度上进行了加强。女性的照片相比男性更容易存在假象。

个人资料的图片是在线约会成功的关键：如果一个人的资料没有照片，那么他/她被潜在伴侣联系的可能性就要减少七倍，有的约会网站更是将照片作为缩小搜索范围的第一步。当然，让自己看上去更好是值得的。另外，在选择异性伴侣时，男性比女性更加看重视觉信息。从照片通常作为选择在线约会伴侣的第一步这一点上来看，这个趋势可能对女性演化出的选择线索的改变比男性更大，除非未来技术允许约会网站加入对女性来讲更加重要的线索，比如气味。在线约会可能也会因此成为我们正在进行的演化中性选择的另一种方式，只是它更偏向男性的兴趣。

目前我们对人类性选择的探索仅集中在其中一个方面：伴侣选择。性选择发挥作用的另一种方式涉及为了伴侣而竞争。在许多物种中，比如鹿，雄性为了接近可生育的雌性，彼此间会出现身体冲突。但是这些竞争并非仅仅发生在交配前，它们甚至可以持续到雌性的生殖系统中。

20世纪60年代，英国生物学家杰弗里·帕克（Geoffrey Parker）在布里斯托大学（University of Bristol）进行关于粪蝇（dung flies）生殖行为的博士论文研究时，首次发现了这个现象。帕克发现，由于雌性粪蝇倾向于连续不断地与多个雄性交配，来自雄性的精子必须相互竞争来使卵细胞受精。在1970年发表的一系列论文中，帕克将他最基本的观察扩展成关于精子竞争的更加普适的理论，并指出该理论在昆虫生物学中可能同样产生影响。[24] 他的理论揭示了为何许多雌性昆虫有专门的储精器官，为何在一些物种中雄性传递的精子数量远远多于受精所需，以及为何有时雄性产生的精子可以形成交配栓（mating plugs），阻断其他雄性精子进入。精子竞争还可以作为雌性为后代筛选潜在父亲的另一种方法，安排一场比赛，令最具竞争力的精子胜出。换句话说，雌性的伴侣选择并非在交配阶段就完成了，而是要一直持续到卵细胞受精为止。

帕克在论文发表之前就与另外一位年轻的生物学研究生罗宾·贝克（Robin Baker）分享了这一想法。[25] 他们两个在布里斯托郊外合租了一套公寓，寒冬的夜晚，他们就一起蜷缩在小小的取暖炉旁，一边烤着面包一边聊着与性有关的话题。他们很想知道帕克关于精子竞争的想法是否同样适用于其他物种——也许不仅仅是昆虫，还有鸟类、哺乳动物，乃至人类。

人类的精子竞争是个很有意思的讨论话题，但对那时还是年轻学生的他们来说，这算是一个遥不可及的研究课题。然而贝克并不是一个面对争议会退缩的人。他在曼彻斯特大学（The University of Manchester）得到教职后，便开始向学生们发起挑战，鼓励他们思考研究人类精子竞争的办法。经过好几年的等待，终于有一位名叫马克·贝利斯（Mark Bellis）的学生找到了贝克，就研究方法提出了一些想法。二人由此展开合作，得到了一些极具开创性，当然同样也极具争议的有关人类性行为的发现。

对贝克和贝利斯来讲，许多有关人类性方面的问题，如果从精子竞争的角度来看就会瞬间迎刃而解。在他的《精子战争》（*Sperm Wars*）一书中，贝克写道："所有我们对于性的态度、情感、反应和行为都是围绕着精子战争展开的，并且所有人类性行为都可以从这个全新的角度重新解读。因此，绝大多数男性的行为就是试图避免让女性把他的精子暴露在战争之中，如果在这一点上失败了，那就要让他的精子在战争中拥有最大的获胜机会。而相应地，绝大多数女性的行为则是尽量在策略上胜过她的伴侣和其他男性，或是在她引起的战争中对到底哪位男性的精子有更大的获胜概率施加影响。"[26]

贝克和贝利斯在1995年出版的《人类精子竞争：性交，自慰和不忠》（*Human Sperm Competition: Copulation, Masturbation, and Infidelity*）[27] 一书中详细地阐述了他们的主张。他们认为，与精子竞争有关的演化压力导致了人类性行为中产生了看上去与之毫不相关的种种情况，包括背叛、自慰、阴茎的形状以及女性性高潮等。他们也揭示了为何每一次射精所产生的约一亿个精子中，只有1%是健康并且有能力让卵细胞受精的。精子大小形状都不相同，其中有的多头，有的多尾，或是拖着螺旋状的尾巴不能很好地游动。贝克和贝利斯认为，这些一看就不正常的精子可能正是所谓的自杀性精子（kamikaze sperm），是为了阻断其他男性的精子而产生。

贝克的演讲激动人心，但有些想法也非常激进，贝利斯并不是唯一一位因受到启发而从事精子竞争研究的年轻学生。在搬到曼彻斯特之前，贝克在泰恩河畔纽卡斯尔大学（University Newcastle）讲过一次课。当时，蒂姆·伯克黑德

（Tim Birkhead）是这里一名在读的本科生，他受到贝克对性选择如何扩展到交配以外的想法的启迪，决定在鸟类中探索同样的问题。日后，他成长为研究交配后性选择领域里最重要的权威之一。但也像学术界常常发生的那样，伯克黑德也成了昔日恩师的最大批评者之一。在大众科学杂志《新科学家》（*New Scientist*）一篇关于贝克的书的评论文章中，伯克黑德写道："贝克是一名社会生物学的狂热分子，他用自己的书来说明关于生殖的各个方面——从我们的行为到我们的解剖结构和生理——都是具有适应性的。"[28]

贝克和贝利斯的"自杀性精子假设"被批判得尤其严重，最普遍的看法认为那些畸形的精子并非演化的军备竞赛所产生的策略性结果，而是实实在在的错误。先暂且不管这些批评，其他研究者，比如演化心理学家托德·沙克尔福德（Todd Shackelford）发现了更多支持证据，表明精子竞争在人类演化历史中发挥了重要作用。事实上，之前提到过的一篇关于口交协助下的性高潮是男性保留精子的策略的文章，就来自沙克尔福德和他的同事。他们发现，人类性行为中口交和看特定种类的色情文学在精子竞争的背景下是可以解释得通的。[29]

精子竞争在持续的人类演化中的作用，很大程度上取决于来自不同男性的精子在使同一个卵细胞受精的过程中面临直接竞争的状况究竟有多常见。毋庸赘言，相关数据都很难获得，而对女性性行为的调查则带来了更加令人混乱的结果。沙克尔福德和他的博士生迈克尔·彭（Michael Pham）指出，约有3%的孩子生父与抚养他们长大的男性并非同一个人，由此证明精子竞争有存在的可能性。但另一方面，生殖生态学家蒙特塞拉特·戈门迪奥（Montserrat Gomendio）、亚历山大·哈考特（Alexander Harcourt）和爱德华多·罗尔丹（Eduardo Roldán）则认为，平均来讲，女性必须每一到三天就与不同的男性发生性行为，才可能为人类精子竞争创造条件。[30]

因此，精子竞争对我们未来演化的作用有一部分取决于我们的性活动，其中包括避孕措施的使用。一个很有意思的想法是，与抗生素滥用导致的细菌耐药性演化类似，也许各种避孕措施使用的增加会对精子和卵细胞造成演化压力，促使它们演化出对抗策略，增加受孕概率。事实上，已经有一些证据表明，女性的生育能力（定义为成功怀孕的能力）在过去的几十年中已经大大改善。比如，一项调查显示，1982年到2002年间，美国女性婚后一年尝试怀孕的失败概率降低了约1%。类似地，大约同一时间瑞典的一项对于怀孕的研究发现，1975年出生的女性中低于正常生育能力的病例数相较于出生于1945年的女性降低了35%。[31]

有趣的是，发现女性生育能力明显提高的同时，对世界上不同地区男性的平均精子数目进行比较的结果却显示出急剧下降的趋势，在20世纪从每毫升1.2亿个降至6,000万个。相应地，精子数目处于较低水平（低于每毫升四千万）的男性比例，在20世纪30年代约为15%，但到了20世纪90年代末期则已经达到40%。作为导致男性不育的因素之一，精子数目下降的原因至今还不清楚。它们下降的速度如此之快，表明其中一部分原因一定是由环境因素引起的，而不单纯是遗传上的改变。母亲的饮食习惯，是否接触过毒素——尤其是在孕期或是孩子出生后的几个月——等因素均已被证实与男性成年后的精子数目息息相关。那些孕期吸烟的母亲产下的男孩，成年后精子计数要低20%～40%。接触柴油机废气也有类似的影响。[32] 自上个世纪以来，人们接触大量化学品的机会越来越多，而这些在我们演化的历史中都是前所未有的。

当然，依然不能从导致精子计数下降的原因中将遗传因素完全排除。一些负责精子产生的基因位于Y染色体上，而Y染色体对突变和损伤尤其易感。[33] 部分原因在于，适用于其他大部分基因的DNA修复机制对Y染色体上的基因并不适用。人类的绝大多数染色体都成对出现，一条来自母亲，另一条来自父亲。正常情况下，如果一条染色体（比如说，来自父亲的那条）上的某个基因受到损伤或者发生突变，由于该基因的另一份拷贝存在于相配对的染色体上（来自母亲），受损基因就有可能被顺利修复。但因为Y染色体并没有与之配对的染色体（与它对应的是X染色体，但X染色体上包含的绝大多数基因都与Y染色体不同），因此基因修复机制对Y染色体并不是很有效。

哺乳动物中，位于Y染色体上的基因在过去三亿年间一直处于降低状态，并且许多已经完全失去了功能。如果这个趋势如预测中那样继续下去，Y染色体很可能最终丢失。在一些物种中，这种丢失已经发生，比如毛茸茸的啮齿类动物鼹形田鼠，它们有着难以想象的长门牙。尽管已经失去了Y染色体，它们却依旧保留雄性和雌性的区分。这表明哪怕人类Y染色体被彻底侵蚀，男性这一性别也并非注定灭绝。那些编码男性特有功能的基因，比如精子的生成，可能仅仅是转移到了其他染色体上。除此之外，来自果蝇的证据也表明Y染色体并不总是完全消失，因为这些物种中基因丢失的速率似乎在Y染色体基因数目变得很小的同时就大幅降低了。[34]

目前大约每五对夫妻就有一对遭遇过怀孕困难，针对男女不育不孕这一问题，现代的解决办法包括多种治疗手段的开发、人工授精和辅助生育技术。[35] 后者包括体外受精，就是让卵细胞和精子在培养皿中完成受精，再将受精卵植入母亲的子宫。1978年7月25日午夜来临之际，在靠近英国曼彻斯特的奥尔德姆总医院，路易丝·布朗（Louise Brown）成了世界上首个经体外受精生下的宝宝。从此以后，辅助生育技术的应用迅速增加，截至写作本书时，全世界已有超过五百万个孩子通过体外受精降生。

辅助生育技术在较发达地区更容易实现。正如我们看到的情况所示，在这些地区随着人口转变的发生，出生率已经降到了一个很低的水平。[36] 整体出生率的降低和辅助生育技术使用频率的增加意味着在这些更发达的地区，通过体外受精和其他辅助生育技术出生的婴儿在整个人口中所占的比例在不断增加。由于体外受精怀多胞胎的概率更大，上述趋势还会被进一步放大。2011年，美国有超过一半的体外怀孕产下双胞胎或三胞胎，而这一概率在一般人群中仅为3%。[37] 事实上，如今体外受精诞生的宝宝据预计已经构成发达国家全部新生儿的1%～5%，其中西欧的比例最高。如果这两个趋势都继续下去，那么人群中通过辅助生育技术出生的人口比例将进一步攀升。

许多研究已经对体外受精和自然受孕出生的宝宝的健康和幸福指数进行了比较。[38] 尽管有些研究指出两者之间存在差异，但整体来看，通过体外受精诞生的孩子似乎在健康状况上与其他人并无差别。不过，也许现在下定论还为时尚早，毕竟截至2015年，那些体外受精出生的孩子中年纪最大的也不过三十四五岁。我们并不知道这些通过体外受精或其他形式的辅助生育技术降生的孩子们是否也同样面临更低的生育率。考虑到使用体外受精是因为有一定的遗传基础，那么问题很可能也是遗传的。换句话说，体外受精和其他辅助生育技术可能会降低自然选择对生育相关性状的选择强度。

第一代体外受精的婴儿如今已经到了为人父母的年龄。[39] 1999年，路易丝·布朗同样出生于体外受精的妹妹纳塔莉·布朗（Natalie Brown）成了第一位产下宝宝的试管婴儿。现在她有五个孩子，她的姐姐路易丝也有两个孩子，并且全部是自然受孕的。至少对布朗姐妹来说，没有证据表明她们父母曾经面临的怀孕难题传递给了下一代。当然，我们不能仅通过一个家庭就做出结论。可能至少还需要再过十几年，我们才能知道通过体外受精或其他辅助生育技术出生的人和自然受孕出生的人相比，在生育能力上是否存在差异。

医疗的进步一直在为寻找不孕不育治疗手段的夫妻们提供新的选择。相反，新的避孕手段也为避免怀孕提供了一系列替代方法。与其他物种不同，我们这个物种的性从来都不仅仅关乎繁衍，而技术也正在逐渐扩大这种间隙。究竟哪种性选择将在未来的演化中发挥主导作用，还要取决于这种解偶联能延伸多远。罗宾·贝克在1996年离开学术界后便专注于写作，在《未来的性》（*Sex in the Future*）一书中他预言："性将几乎完全成为娱乐性的，而生殖则归属到医疗的范畴。"[40] 他预计未来男性和女性在到达性成熟前会自愿进行绝育，将自己的精子和卵细胞冷冻起来，供日后体外受精。这样的未来会消除精子竞争在性选择中所占的比例，除非存在某些特质可以改善实验室中受孕的概率。

在某种意义上，贝克的预言其实是1924年J. B. S. 霍尔丹预言的生殖未来的扩展版，那时距离体外受精的发明还很远。在霍尔丹所著的《代达罗斯，或科学与未来》（*Daedalus; or, Science and the Future*）一书中，他杜撰了一个叫“体外发育（ectogenesis）”的词来描述在母体子宫以外受精和生长的胚胎，并且在他那虚构的未来畅想中，这种方式已经变得非常普遍。霍尔丹的想法被奥尔德斯·赫胥黎（Aldous Huxley）写进了1931年出版的反乌托邦小说《美丽新世界》（*Brave New World*），自此以后就常常被其他科幻小说作者使用。[41]

在赫胥黎、霍尔丹和贝克的未来主义设想中，技术从根本上改变了我们这个物种的生物学，不过这要基于技术的广泛运用。如果想让避孕和辅助生育技术对人类演化真正产生影响，就需要让它们变成一种普遍的存在，或者至少接近这种状态。鉴于体外受精的高昂价格，目前甚至许多发达国家的夫妇也对此望而却步，因为此类花销是没有补贴的。而在欠发达地区，辅助生育技术的可获得性更是极其有限。尤其在撒哈拉以南的非洲，虽然辅助生育技术几乎不存在，但那里却是不孕不育最高发的地区。[42] 现代避孕手段的普及性要稍好一些，尽管还是有很多地区并不尽人意，其中撒哈拉以南的非洲再次位居首位。辅助生育技术和避孕手段的普遍使用将成为一项伟大的人道主义成就，但随之而来的可能就是演化的追赶。

我们演化历史的一部分涉及我们对性伴侣的偏好选择和为了成为父亲而存在于男人间的竞争——至少在他们的精子之间。就像所有其他物种一样，那些在我们祖先体内通过性选择演化出来的性状提高了将基因传递给后代的机会。最近发现的人口转变的证据也表明，生育力和性对我们未来的演化将比过去更加重要。但是，以在线约会、有效的避孕手段和辅助生育技术等形式存在的现代化发展，却再一次改变了我们持续演化的进程。

5

小伙伴

虽然并不愿意细想，但我们身上其实布满了外来的小生命体。毫不夸张地说，我们的皮肤完全被细菌和真菌所覆盖，那些只有在显微镜下才能看到的小动物们将腿伸向各处。假若我们随便看向一个人的嘴里，就像每一位牙医都会告诉你的一样，将看到一个由细菌主导的完整的生态系统。而继续向下到了消化道、胃，甚至更下面一点的小肠，就更是一片名副其实的微生物丛林。

直到最近，绝大多数显微镜下的小生物们都还只被划分为两类：要么属于应该被杀掉的坏细菌，以免导致疾病，要么就是搭顺风车的无害乘客。至于可能存在第三类细菌，并且其中有些可能有益于身体的想法，那简直就是医学界亵渎神明的异端。最近出现的一个新观点甚至更加令人难以容忍——一些微生物不但是有益的，还可能作为我们身体正常工作的组成部分，这是它们过去的数百万年间与我们共同演化造成的。[1] 如果微生物在过去影响了人类演化，那么我们继续演化的过程可能也要部分取决于这些小伙伴们的情况。

有点讽刺的是，我们对人体解剖学和健康了解得那么多，但对自己与微生物之间的亲密关系远远比不上对其他动物与微生物之间相互关系的了解。许多动物与微生物之间存在共生关系，意味着离开了这些微生物它们将无法存活。其中一个例子就是中美洲和南美洲的切叶蚁，它们依赖真菌作为主要的食物来源。[2] 在深深的地下巢穴中，切叶蚁创建了很多无比巨大松软的灰色真菌花园，工蚁们夜以继日地工作着，为真菌庄稼带来新鲜的叶子。在这个例子中，真菌已经变得完全依赖于蚂蚁侍者，而不像那些与它们亲缘关系很近的真菌物种一样可以独立生活，在蚁穴之外的地方从来没有发现过这些切叶蚁供养着的真菌的踪迹。换句话说，它们已经成为被切叶蚁驯化的物种。

在得克萨斯大学奥斯汀分校（University of Texas at Austin）我曾进行博士研究的实验室中，乌尔里克·米勒（Ulrich Mueller）带领整个实验室走在了研究蚂蚁和微生物之间相互作用的最前沿。博物学家和科学家早在一百多年前就知道了切叶蚁并非自己食用树叶，而是有效地利用真菌作为外在的消化系统，因为它们自身无法消化植物物质。除了真菌花园，蚁穴中的剩余部分是相对无菌的环境。蚂蚁对清洁程度的要求非常严格，它们将死亡真菌的残片和已死的蚂蚁搬到远离珍贵作物的废物室中。所以当一位加拿大微生物学家卡梅伦·柯里（Cameron Currie）——米勒实验室的一名博士后研究员，和我大约同时加入这个实验室——发现另一种真菌也与种植真菌的蚂蚁间存在普遍联系时，他感到大为吃惊。[3] 这种新发现的真菌是一种寄生虫，学名为*Escovopsis*。它如果大量出现于蚁穴的真菌花园中，就意味着这个蚁穴命不久矣。

我读研究生的绝大部分时间都花在了挖掘切叶蚁的巢穴上，希望可以在那些掠食的蚂蚁把真菌花园咬得支离破碎前得到一小块样本进行遗传分析。这样说夸大其词的成分并不多，切叶蚁的下颌非常适合切割叶子，但同时在切割人类皮肤方面也可谓轻而易举，被一只较大的兵蚁咬上一口的出血量相当惊人。我很快就学会了自我保护的技巧，包括穿橡胶靴子和小心地放置铲子，这样可以非常有效地防止流血事件的发生。

在挖一些切叶蚁的巢穴时，我们偶尔会在花园里看到工蚁。它们几乎完全是白色的，并不是在巢穴外常常见到的那种典型的铁锈色。在其他种植真菌的蚂蚁物种中，蚂蚁的颈部下方可以看到一小块白色。柯里发现那其实是在蚂蚁身体外部生长的一层细菌。但不同于他发现的那些寄生性真菌，这些细菌似乎对蚂蚁无害。相反，它们还具有预防疾病的作用，通过产生抗生素来防止真菌性的病原体，比如*Escovopsis*的侵扰。[4]

这些蚂蚁至少与三种不同的微生物间存在相互作用：作为食物种植的真菌，另一种导致疾病的真菌，以及预防疾病的细菌。每一种都对蚂蚁群落的健康和安乐状况产生重要的影响。此外，已经发现有力证据表明，蚂蚁与三种微生物共享了很长一段历史。两种真菌，甚至连同细菌一起与蚂蚁共同演化，完成了一曲演化之舞——随着一个物种的改变，其他也相应发生变化。几百万年后，这就造成不同蚂蚁种间的关联模式与微生物之间关联模式的紧密匹配。[5] 生物学家称这一过程为共同演化（coevolution）。

切叶蚁的共生非常有趣，但其实也没那么特别。我们现在已经知道许多动物与微生物之间都存在复杂的相互关系：吸食植物的蚜虫依赖共生菌来提供全素饮食所缺乏的营养素；珊瑚礁依赖微型藻类将阳光转化为能量；短尾乌贼将产光细菌储存在专门的器官中作为一种伪饰。这种令人瞠目结舌的相互作用还有很多，事实上，共生关系如今已被视为一种规律而非特例。[6] 我们看到的越多，就越会发现这些关系通常非常古老——敌人间的军备竞赛和同伴间转换阵营的戏码已经上演了千年。

然而，将这些从其他物种身上学到的知识应用于我们自己却花了不少时间。自从发现微生物是感染性疾病的罪魁祸首后，我们似乎以将它们赶尽杀绝作为首要任务。首先诞生了疫苗，接着是抗生素，随后又陆续生产出杀菌皂和洗手液，在发达的城市地区比比皆是。我们不仅倾尽全力杀灭在体内和体表存活的微生物，还试图让周围的环境变得无菌。我们的家、办公室和学校被各种化学品揉搓、擦洗、浸润，就是为了不给任何微生物留下活口。我们已经对微生物正式宣战。

在某种程度上，我们所有的努力已经见效。一些曾经常见的疾病，比如天花等，早已被我们消灭，而像霍乱和结核病等疾病现在则主要集中在欠发达地区。很大程度上，对微生物的迫害使得人类的死亡率惊人地降低，并主要是由于孩童时期死亡率的骤减，这也成了人口转变的一个主要因素。

然而问题是，我们直到现在才逐渐意识到并非所有微生物都有害。我们开始了解到，一些微生物可能对我们是有益的、甚至是必需的。就像在其他动物物种中存在着共生小伙伴一样，许多微生物都已经与我们共处了数百万年，并且有些可能已经在人体之外的任何地方都难觅踪影。它们已然成为人类共同演化的伙伴，而如果我们在对微生物的战争中取胜，它们很快就会灭绝。失去了这些古老的伙伴很可能给我们的未来造成灾难性的后果。

从华盛顿特区地铁红线的马里兰州罗克维尔站下车，走一小段就是国家人类基因组研究所（National Human Genome Research Institute）的院外基金办公室，它是美国国立卫生院（National Institutes of Health）的一部分。在一座不起眼的红砖办公楼的四层，我见到了利塔·普罗克特（Lita Proctor），她负责监督来自联邦政府大约两亿美元的研究基金分配情况。普罗克特曾经接受过微生物生态学家的训练，在其职业生涯早期曾担任佛罗里达州立大学（Florida State University）和加利福尼亚大学（University of California）的教授。后来她成为美国国家科学基金会（National Science Foundation）的一名项目官员，于2010年加入了国家人类基因组研究所。这是美国国立卫生院一个专门负责人类基因组测序和国际人类基因组单体型图计划项目（International HapMap Project）的分支机构。普罗克特介绍说，现在国立卫生院正在进行一个从多方面来讲都更具野心的项目：科学家们不仅要对单一物种的全部DNA序列进行描述，还要对人类全部的微生物环境展开探索。

21世纪早初，随着第一个人类基因组的发布，就已经有传言说下一个主要的基因组计划将关注点放在与人体相关的微生物上。2001年，分子生物学家和诺贝尔奖获奖者乔舒亚·莱德伯格（Joshua Lederberg）首先提出了一个名词来描述所有与我们紧密生活在一起的那些微生物——人类微生物组（the human *microbiome*）。[7] 微生物学家、生物技术领域的先驱朱利安·戴维斯（Julian Davies）给《科学》（*Science*）杂志写了一封信，他在这封发表于2001年3月的信中指出，在所有为了解人类生物学所付出的努力中，如果忽视了微生物组的存在，可能就忽略了影响人类健康的一个重要因素。他表示，尽管人类基因组中有大约三万个基因，但大概有超过一千个微生物物种（只是一个大致的估计，因为没有人真的知道到底有多少）组成了人类微生物组，并且可能包含多达四百万个对我们的健康状态有所贡献的基因。[8]

2005年10月，在巴黎召开的一个学术会议试图将来自世界各地对研究人类微生物组感兴趣的研究者聚集一堂。下一代测序技术已经开发出来，科学家们寄希望于鸟枪法可以克服研究微生物多样性时遇到的最大障碍。传统的微生物技术从采集一些未知微生物的样本开始，然后尝试在培养皿中进行培养。然而从20世纪70年代开始，科学家们越发意识到这种方法丢失了微生物世界中相当大且有趣的部分：[9] 在微生物的所有种类中，有相当一部分不能在实验室条件下生长。科学家们相信，鸟枪法测序可以完全绕过培养皿阶段，直接从样本中提取DNA进行测序。

巴黎会议之后，美国国立卫生院举办了自己的会议，考虑大规模投资微生物组研究。人类基因组计划已经结束，而改善人类健康作为其最主要的目标之一还没有实现。其中一部分原因在于，尽管我们已经对人类遗传学知之甚广，但对那些令我们生病的微生物们还了解得相当有限。探索微生物组，包括那些致病的和许多其他的微生物在内，将有望为我们补足缺失的线索。[10]

人类微生物组计划（The Human Microbiome Project）于2008年启动，第一阶段的预算是1.75亿美元。它的首要目标是为生活在健康人体内和体表的微生物物种创建一份详细的清单，称为核心微生物组（core microbiome）。研究者将关注的焦点集中在身体的五个主要部分：皮肤、口腔、上呼吸道、小肠和阴道。随后，这个核心物种清单将与来自不同感染性和非感染性疾病患者的清单进行比较。两者之间出现的任何差异都可能是导致某些神秘疾病的原因，比如越来越常见的自身免疫病。

数十个受到人类微生物组计划资助的实验室开始从志愿者中收集实验样本。鸟枪法测序取得了成功，但研究人员很快发现核心微生物组的想法从根本上讲就是个错误。2012年发表的一篇文章对当时得到的结果进行了总结：每一位取样对象都拥有一套不同的微生物，在某些人体内始终存在的常见物种可能在另一些人体内就很少见。[11] 越来越多的证据显示，人类微生物组的差异可能正是个体差异的重要组成部分，因此试图描述一套标志着健康人体的微生物物种清单并不合理。

尽管如此，从研究中还是得到了一些非常惊人的发现。就像不同的栖息地，如沙漠、热带雨林和草原中存在着不同类型的植物和动物一样，身体的不同部位也生存着不同的微生物种群。与预期得一样，包括口腔和小肠在内的消化系统拥有最大的微生物多样性。有趣的是，尽管口腔中的微生物千奇百怪，绝大多数人口腔中的微生物类型却基本一致。阴道的情况则恰恰相反，微生物多样性较低，但在不同个体间呈现出的类型差别非常大。通过在同一个体上两次取样，研究者还发现，存在的微生物类型会随时间而发生变化。然而除了一些波动外，每个人的微生物组都具有独一无二的特征。

存在于不同个体微生物组之间的差异可能源于环境因素，

比如饮食习惯。举个例子，素食者的肠道微生物就与肉食者或高碳水化合物饮食的人有所不同。这些差异或许可以解释为什么来自不同文化背景的人会拥有不同的微生物组（他们吃不同的食物），以及为什么家庭成员间的微生物组有更高的相似性（他们吃相似的食物）。但是也有证据表明，人类微生物组之间存在差异也有遗传因素的作用。[12] 一项针对同卵双胞胎和异卵双胞胎的微生物组进行比较的研究显示，虽然二者拥有大致相同的家庭环境和饮食习惯，但同卵双胞胎的微生物组要比异卵双胞胎更接近。鉴于同卵双胞胎有着几乎完全相同的基因组，而异卵双胞胎只分享大约一半的基因，微生物组的区别基本上可以归结于基因组的差异。

然而依旧没有解决的问题是，我们体内的微生物，以及它们在身体不同部位建立起的群落是否为人类所特有呢？如果答案是否定的，如果相同的微生物种群可能在大猩猩和人类的肠道中均有发现，那么也就没有理由相信微生物组与我们一同演化而来。但另一方面，如果人类微生物组中有些特殊的地方，让我们体内的微生物与亲缘关系最近的猿类亲戚有所区别，那么就值得对与微生物共同演化的历史以及未来展开一番思考。

对野生猿类的微生物组进行取样可不像对人类那么容易，但很幸运的是，通过检查粪便我们可以对生活在其肠道中的微生物有一定了解。由演化生物学家霍华德·奥赫曼（Howard Ochman）带领的研究团队正是这样做的，他们从野生黑猩猩、倭黑猩猩和大猩猩的粪便样本中提取DNA，测序后与生活在非洲城市和乡村地区以及其他大陆上的人类粪便样本进行比较。

结果显示，我们与关系最近的灵长类亲戚在肠道微生物种群方面存在根本的不同，[13] 其中最显著的就是猿类和不同人类群体粪便中微生物多样性水平的差异。所有人类种群肠道微生物的多样性都显著低于非人物种，而在不同人类群体中，生活在城市环境的人比生活在乡村地区的人多样性更低。

人类和猿类肠道中不同微生物组合出现的常见程度也存在差异。猿类的肠道中不同类型微生物呈现更加平均的分布。而在绝大多数人类肠道中，仅有非常少数的几种细菌处于主宰地位，其他的数目都很少。奥赫曼和他的同事比较了不同微生物组合在一个特定物种中的出现频率，发现单个宿主个体的亲缘关系越近，肠道的微生物种群就越相似。这一模式不仅适用于同一物种内，也适用于不同物种间。奥赫曼和他的同事使用这些数据绘制了两个谱系树，一个是肠道微生物群落，另一个是它们的猿类宿主。猿类谱系树根据DNA序列来绘制物种间的关系，任何两个物种亲缘关系越近，在谱系树上共享的分支点就会越多。而在肠道微生物谱系树上，微生物群落越接近，共享的分支点就越多。对比两棵谱系树就会发现，它们看上去几乎完全一样。

奥赫曼的团队从他们的数据中得到了如下结论：猿类和人类的肠道微生物组是与它们各自的宿主共同演化的，并且在最近的几百万年间，人类的肠道微生物组变化尤其巨大。这种在其他物种中极为常见的微生物与宿主共同演化的舞步，在人类中也找到了存在的证据。就像在所有出色的舞蹈中一样，共同演化需要每一方都对其搭档做出反应。或许人体内的微生物为了响应我们已经在不断演化，而作为回应，我们也相应地完成了演化。对此我们尚不清楚。就如利塔·普罗克特所说，人类微生物组研究这个领域还太新，我们现有的问题依然多于答案。但是截至2012年，在人类微生物组计划第一阶段进入尾声的时候，人类微生物组研究已经成为一个热点话题，来自各个不同学科的科学家们都热切地希望找到方法，将其纳入自己的研究之中。

2008年，一架委内瑞拉军队巡逻直升机在飞跃亚马孙热带雨林的一片偏远地区时，发现了一堆从未出现在地图上的小屋。这是亚诺马米人（Yanomami）的领地，他们是当地的土著族群，以传统的狩猎-采集者方式生活在这片委内瑞拉和巴西交界处的崎岖丛林中，一些成员依旧保持着与外界隔绝的状态。第二年，一个医疗队重返该地区，成为第一批与村民进行交流的非亚诺马米人。[14] 在向有需要的村民提供疫苗和抗生素之前，医疗队从54名村民中的34人那里收集了皮肤、口腔拭子以及粪便样本，保存在液氮之中。

在对这些人的微生物基因组序列进行分析后，领头科学家玛丽亚·格洛丽亚·多明格斯-贝略（Maria Gloria Dominguez-Bello）大吃一惊：样本中包含的肠道微生物多样性是已知人类基因组中最高的。出生于委内瑞拉，在英国学习微生物学的多明格斯-贝略以前也曾见到过来自其他相对孤立人群的微生物组构成，那些人群的结果都很相似。她的团队和其他团队的研究一致发现，生活在乡村环境的人比城市人具有更高的微生物多样性，但此前从未与外界有过接触的亚诺马米人，拥有极端迥异的微生物组。[15] 数据显示，人群与工业化隔绝得越远，他们肠道中的微生物多样性就越大。

换句话说，西方城市人口是地球上人类肠道微生物多样性最低的族群。如果以森林和草原是植物和动物的栖息地进行类比，那么我们的身体就是微生物的栖息地，因而这些多样性上的差异就变得非常重要。生态学家一致发现，生物多样性越强的栖息地，其功能性越强，在面对变化时复原的能力也越强，这也就意味着多样性低的环境可能是不稳定的。尽管对微生物种群我们知道的还很少，但一些研究发现，微生物群落中多样性的减低也会造成功能性降低，与已知的植物和动物群落的方式非常类似。[16] 现代化，似乎已经在我们体内的生态系统中留下了记号。

欠发达地区的居民不仅拥有更具多样性的肠道微生物，并且其肠道微生物群落的组成与发达地区之间也存在差异。寄生性的蠕虫，包括蛔虫、鞭虫和钩虫，在卫生环境较差地区的人群中尤其常见，这些寄生虫的卵在土壤中发育，被人们吞下或在赤脚走路时通过足部皮肤进入体内。此外，停留在肠道中的细菌的特定种类也有所不同。有一种叫作密螺旋体（*Treponema*）的细菌，在南美和非洲以传统方式生活的人们的肠道中非常常见，但在西方人体内难觅踪迹。野生猿类的肠道中也有密螺旋体的存在，表明它们可能从我们的祖先开始就存在于体内了。一项由来自俄克拉荷马大学（University of Oklahoma）的人类学家塞西尔·刘易斯（Cecil Lewis）领衔的研究发现，至少有五种存在于按照传统方式生活的人们肠道中的密螺旋体，在过着城市生活、有着工业化生活方式的人群体内没有找到。[17] 将这些密螺旋体与在其他宿主中找到的近亲进行比较后发现，它们可能对复杂碳水化合物的消化起着作用。

即使在那些住在城市的西方人和以农业化传统方式生活的人体内都存在的微生物中，特定微生物种群的常见程度也存在着巨大差异。另一种名为普雷沃氏菌属（*Prevotella*）的细菌，也可以促进消化富含纤维素和复杂碳水化合物的饮食，在以传统方式生活的人体内非常常见，但在居住于城市的西方人中则极其罕见。相反，城市中的西方人表现出比传统生活方式者拥有更多拟杆菌属（*Bacteroides*）细菌的倾向，它们构成了近四分之一的小肠微生物物种。

对比如今健在的传统生活方式者和城市工业化生活方式者，我们可以清晰地发现，城市化的西方人已经失去了很大一部分曾经存在于我们祖先体内的微生物多样性，很可能还包括与我们共同演化而来的微生物。但是，拥有传统生活方式的现代人也依旧是现代人，他们与同时代的其他人一样拥有足够的演化时间，尽管他们生活的方式与我们的祖先更相似，但从生物学角度来看也许并非如此。为了彻底弄清古代人微生物组的情况，我们需要直接对他们进行取样。

截至2006年，由德国莱比锡马克斯·普朗克演化人类学研究所（Max Planck Institute for Evolutionary Anthropology）斯万特·帕博研究组领衔的古老DNA研究已经取得了巨大进展。从远古的骨骼上获取古人类DNA的最大障碍之一就是来自现代人和微生物的DNA污染。[18] 就像我曾在哈佛戴维·赖希实验室见到的一样，科学家们基本可以通过建立无菌室来克服这一问题。但对包括塞西尔·刘易斯在内的另一些科学家而言，污染问题则可能带来了一丝希望。

在帕博、赖希和他们的同事准备发表第一个尼安德特人的基因组时，刘易斯还是个博士后。下一代测序在那时还是极新的东西，人类微生物组项目即将启动。刘易斯看到了机会，意识到通过关注古人类的微生物组可以开拓出一片属于自己的研究天地。但问题是，微生物群落改变很快，试想一块在厨房操作台上放了很长时间的水果会发生什么你就明白了。所以，任何在数千年后依然附着于古人类身体上的微生物，可能早已与那些人还活着时天差地别，除非得到了极其完好的保存。尽管一个意大利研究团队通过发现自阿尔卑斯山冰川中的一具五千年前的男性冰冻残骸（冰人奥茨，Ötzi the Iceman），对微生物DNA进行测序并取得了一定的成功，但像这样幸运的例子真的很少。[19]

幸运的是，其他两个可靠的古人类微生物DNA来源——源自消化道的两端相继被发现。牙齿是远古残骸中最常被发现的部分，通常被一层坚硬的牙菌斑和牙石包裹着——正是洗牙师们用锋利的金属钩子刮去的东西，它们其实是由生活在牙齿表面的细菌形成的。在缺少现代卫生学和专业牙科护理的情况下，牙菌斑和牙石会在一个人的一生中缓慢聚积，留下一座细菌DNA的宝藏。通过检查来自中欧和不列颠群岛从农业社会前到中世纪时期的人类牙齿残片，出生于新西兰的古DNA专家艾伦·库珀（Alan Cooper）领衔的研究团队发现，伴随着农业的发展和工业革命的完成，口腔微生物群落发生了两次剧烈的转变。[20] 在这两次转变中，微生物的多样性降低，已知导致龋齿和牙周疾病的细菌越发常见，而与牙齿健康相关的细菌则严重减少。

但是，口腔微生物组与肠道微生物组并不相同。人类微生物组项目甫一开始，刘易斯就着手对另一种来源的微生物DNA进行研究，即古人类粪便（粪化石，coprolite）中的DNA。据刘易斯说，除了气味，粪化石看上去与刚刚形成的人类粪便无异。倘若处于合适的环境下，比如被留在了寒冷干燥的山洞中，便可以在很大程度上保留其刚刚被排出体外时存在的细菌DNA。刘易斯和他的同事很幸运地在位于墨西哥杜兰戈（Durango, Mexico）的一个山洞中找到两块保存完好、约有1,300年历史的人类粪化石。在刘易斯位于俄克拉荷马大学的新实验室中，他和同事们从中提取DNA，并用鸟枪法测序技术对粪化石中的微生物多样性进行分析。随后，他们将结果与现代人类粪便样品中的微生物群落，以及土壤中的微生物和其他可能的污染源进行比对。[21] 幸运的是，污染可以被排除在外，粪化石中的细菌群落与现代人肠道细菌很像，尤其是生活在乡村环境中的现代人。与现代的狩猎–采集者们体内的微生物组相一致，他们发现密螺旋体和普雷沃氏菌属的出现率很高。事实上，相比那些生活在城市的人，粪化石中微生物组的整体状况与生活在乡村环境的现代人具有更高的匹配度。

所以对古人与现代人微生物组的直接比较，呈现出了与按照传统方式生活的现代人和过着工业化城市生活的人之间相同的分布谱。现代城市人已经失去了很大一部分微生物多样性，并且其中一些微生物可能是有益的。饮食的巨大变化绝对是造成我们口腔和肠道微生物种群发生改变的原因之一，但还有很多其他的现代城市生活方式同样可能对它们造成影响。

19世纪后期以来，卫生条件的提高——尤其是水质的改善——在降低城市居民接触的微生物数量上发挥了极大作用。包括霍乱在内的水传播疾病，在广泛使用含氯消毒剂进行水质处理后开始出现大幅降低。但与此同时，这些改善可能也对人体内栖息的有益微生物在个体间的传播构成了影响。

据我们目前所知，人体绝大部分微生物组都获得自母体。

在婴儿被娩出母体的过程中，以及出生后与母亲皮肤和肛门的接触中，都有许多微生物进行了传递。但是剖宫产（cesarean section），即将婴儿通过手术直接从母亲腹部取出，在世界范围内变得越来越普遍：在巴西，几乎一半的婴儿通过剖宫产出生；该比例在澳大利亚和美国达到了近三分之一；在加拿大和中国约为四分之一。[22] 作为一种医疗手段，剖宫产基本上是安全的，并且挽救了许多生命，但它也限制了婴儿从母体获得微生物的可能性。尽管如此，哪怕只获得一部分有益微生物也很好。然而令情况更加恶化的是，许多女性在分娩过程中使用了抗生素，甚至通过阴道给药，使得婴儿几乎不可能暴露在任何活着的微生物中。

清洁的饮用水和无菌的出生过程是我们与微生物的战争中强有力的武器，但是，20世纪抗生素的发现赋予了我们医学界的核武器。尽管1928年亚历山大·弗莱明（Alexander Fleming）就发现了第一种抗生素（青霉素），注意到用其可以控制培养皿中细菌的生长，但他并没能找到一种方法成功地将其应用于治疗细菌感染的患者。几年之后，德国生物化学家格哈德·多马克（Gerhard Domagk）发现另一种磺胺类抗生素，并证明这对多人——包括他的女儿——有效。在研究的早期阶段，他成功地治愈了发生在她身上的一次严重感染。[23]

遗憾的是，磺胺类药物只对有限类型的感染有效。鉴于一战中更多人死于疾病而非战斗本身，因此二战甫一开始，找到一种持续有效的抗生素就成了当务之急。昔日弗莱明发现的产自面包霉（黑根霉）的青霉素最终被证明了有效性。在他的领导下，一组英国科学家于1943年在伊利诺伊州的皮奥瑞亚（Peoria, Illinois），从一个发霉的哈密瓜中分离出一株青霉素，可以进行大批生产并且效果惊人。其他抗生素，比如四环素等，也很快被开发出来使用，给我们的微生物敌人带来了毁灭性的灾难。常在人群中——尤其是儿童中——大规模爆发的致命疾病，如肺结核和猩红热等，终于得到了控制。与微生物这场热火朝天的战争，似乎我们已经稳赢了。

新型抗生素的优点是对广谱细菌感染均有奇效，但同时它们也杀死了许多其他类型的细菌，而不仅仅是具有感染性的那些。正如生物学家兼科学作家罗布·邓恩（Rob Dunn）所说："问题并不是我们的抗生素（这是它最常用的名字）是否真的对我们有所帮助，而是当我们扣动扳机时，究竟能够瞄多准。"[24]

在那些伤亡惨重的微生物中也有伴随我们多年、共同演化而来的伙伴。幽门螺杆菌（*Helicobacter pylori*）就是其中一种。它们生活在胃壁上那层厚厚的黏液中，是少数几种可以耐受如此极端酸性环境的微生物之一。幽门螺杆菌与人类宿主的关系十分复杂，因为它们在特性上有点像杰基尔博士（Dr. Jekyll）和海德先生（Mr. Hyde）①。目前的研究已经证实，它们与胃溃疡和胃癌的发病密切相关，然而也有越来越多的证据表明，如果没有它们的存在，人们会对包括慢性胃酸反流和哮喘在内的其他疾病更加易感。[25] 这是一个与我们至少共存了十万年的物种。[26] 幽门螺杆菌陪伴着我们遍布整个非洲大陆，加入那些先锋们的行列，脚步几乎踏遍了世界上的每个角落。幽门螺杆菌已经变得完全依赖于人类，无法在人体以外的地方

---

① 杰基尔博士和海德先生（Dr. Jekyll and Mr. Hyde），英国作家罗勃·路易斯·史蒂文森（Robet Louis Stevenson）的代表作《化身博士》中的人物，因令人印象深刻的善恶性格，成为心理学双重人格的代指。——编者注

生存。但如今，它们正在消失。

20世纪初，世界上绝大多数人的胃里都有幽门螺杆菌的群落在生长。到了世纪末，发达地区只有不到一半的成年人胃里有它的踪迹，孩子体内则更少，婴儿不再生来就有幽门螺杆菌。由于这是一种仅生长于胃部的细菌，因此拥有它的唯一方式就是在童年时期从他人处获得，通常是母亲或者其他家庭成员。一项由美国医生、感染性疾病专家马丁・布拉泽（Martin Blaser）牵头的研究发现，2002年至2006年间出生于荷兰鹿特丹的孩子中，胃里有幽门螺杆菌的人数比他们的母亲少75%。[27] 仅仅差了一代人，降低的程度便如此难以想象。1995年后出生于美国的孩子有幽门螺杆菌的不到6%，而这一比例在2010年后出生于日本的孩子中不到2%。

布拉泽相信幽门螺杆菌可能是微生物早期预警系统中的一员，能透露出一些我们的微生物组究竟发生了什么的信息。在职业生涯早期，布拉泽是一名任职于疾病控制与预防中心的感染性疾病监督官员。后来，他接受了科罗拉多大学（University of Colorado）的教职，带领实验室专注于胃部细菌作用的研究。澳大利亚医生巴里・马歇尔（Barry Marshall）和罗宾・沃伦（Robin Warren）在20世纪80年代早期发现幽门螺杆菌，并通过在马歇尔自己身上进行的实验证明，将其杀灭可以治愈胃炎。马歇尔和沃伦的后续研究显示，幽门螺杆菌同样与溃疡有关。同时，布拉泽还发现它与胃癌之间存在相关性。[28] 显而易见，包括布拉泽在内，大家公认幽门螺杆菌对人类健康有害，应该使用抗生素予以消灭。

随着布拉泽的实验室先搬到范德堡大学（Vanderbilt University），后又迁至纽约大学（New York University），后续研究工作的展开让布拉泽开始重新思考这一观点。他的团队发现，幽门螺杆菌可以帮助调节胃酸的产生，从而起到阻止慢性胃酸反流的作用，预防食道癌的发生。此外，他发现幽门螺杆菌还可以通过排列在胃壁上的特殊细胞与机体的免疫系统进行交流，在防止过敏和哮喘方面发挥一定的作用。在与微生物开展的战争中，布拉泽从对抗胃部细菌战役的最前线领导者，转变成一名坦率的倡导者，号召大家以更微妙的眼光看待细菌对人类健康所发挥的作用。

在2014年出版的《消失的微生物》(*Missing Microbes*)一书中，布拉泽认为在过去的半个世纪中，我们对抗生素的过分滥用至少对许多被他称为"现代瘟疫"的疾病负有部分责任，比如哮喘、食物过敏、癌症，以及包括肥胖等在内的其他问题。值得注意的是，现代瘟疫开始增长的20世纪下半叶，正是如结核病、麻疹和甲型肝炎等感染性疾病发病率迅速降低的时期。[29] 据委内瑞拉微生物组研究者，同时也是布拉泽的夫人多明格斯-贝略(Dominguez-Bello)所说，食物过敏、哮喘以及其他现代瘟疫在那些以传统方式生活的人群中闻所未闻，比如亚诺马米人，他们的胃里全部含有幽门螺杆菌。

对那些在婴儿时期经过和没有经过抗生素治疗的孩子进行对比，会发现前者的体重更重一些。同样地，通过剖宫产出生的孩子在出生过程中没有接触过太多母亲的微生物，比起那些自然顺产的孩子更容易肥胖，也更容易患上哮喘或是出现其他过敏反应。在老鼠身上进行的实验表明，抗生素治疗使得它们体重增加。高脂饮食的老鼠也会增加体重，但是同时接受高脂饮食和抗生素治疗的老鼠体重增加更多。[30] 这一效用在农业领域广为人知，牲畜常常被喂食抗生素以促进其生长。同样的原理似乎也适用于人类。

肥胖已经成为一种全球性的流行病，进而涌现出从心血管疾病到糖尿病等大量健康问题。因此，如果抗生素的使用导致了体重的过度增加，那么可能也间接地与许多其他疾病关系密切。布拉泽同时也看到了一些更加直接的证据将抗生素的使用与似乎并不相关的疾病联系到一起，比如食物过敏、湿疹、枯草热、乳糜泻以及炎症性肠病等，在发达地区都变得越发常见。在上述所有例子中，布拉泽认为，肠道微生物起到了维持正常功能的作用，使用抗生素杀灭它们会让整个系统运转异常。

然而并不是每个人都被布拉泽的观点所说服，尤其是在医疗机构中。在宏伟的迈克尔・E. 德贝基退伍军人管理局医疗中心（Michael E. DeBakey Veterans Administration Medical Center）的一间办公室中，戴维・格雷厄姆（David Graham）向我解释了为何他对此持怀疑态度。“我们生活在一个充满谎言的年代，”他告诉我，“距离得到我认为称得上可信的数据还有很长一段路要走。我们处在一个很有意思的阶段，你做的任何东西都可以发表出来，并且你能就此做出一个很大的结论。”格雷厄姆是一位临床胃肠病学家，同样也对幽门螺杆菌和其他细菌，以及它们在人类健康中扮演的角色展开研究，他始终坚信，幽门螺杆菌的首要角色是作为导致疾病的根源。为了回应布拉泽其中的一篇文章，格雷厄姆写下了题为“唯一有益的幽门螺杆菌就是那些已经死了的幽门螺杆菌”（“The Only Good *Helicobacter pylori* Is a Dead *Helicobacter pylori*”）的文章，似乎代表了医疗机构对这一特定肠道微生物物种的态度。[31]

如今，我们的肠道细菌中有一些是有益菌的观点已经逐渐开始流行起来。益生菌，像含有乳酸菌（*Lactobacillus*）等活菌的食物和膳食补充剂，已经在日本风靡多年，并且在欧洲和北美也愈发受到欢迎。[32] 同样地，一种针对艰难梭菌（*Clostridium difficile*）感染的新兴治疗方法就是将健康人的粪便样本直接移植到患者的直肠里。这一治疗手段非常成功，可能要归功于供者的微生物在对抗感染中发挥的积极作用，不过，究竟是哪个物种带来了好处还不得而知。

尽管目前对于人类微生物组的研究还处于初期阶段，但这一领域发展迅速。我们知道得越多，就越是意识到最近一万年来——从发展农业到工业革命——人类所经历的改变对共同演化的微生物造成的巨大影响。现有的证据表明，生活在现代城市中心的人们拥有的微生物组与我们的祖先差别最大，无论是多样性还是特定物种的存在方面。尚不清楚究竟有多少与我们相濡以沫的微生物分别是有害的、有益的，或者只是一路相随的。大量数据显示，一些自身免疫病，包括I型糖尿病和克罗恩病等，与当前肠道蠕虫的缺乏有关，肠道蠕虫的存在似乎可以防止免疫系统反应过度。[33] 幽门螺杆菌、密螺旋体和普雷沃氏菌属都是我们肠道微生物组中最先被仔细研究的物种，它们似乎表明，随着世界变得更加发达、城市化程度更高，对抗生素和剖宫产的依赖性更强，我们已经站在了彻底失去这些数千年来共同演化的物种的边缘。

我们还不知道失去了这些长期的伙伴会给我们演化的未来带来什么样的影响。想要找到答案，最好的办法就是看看在那些失去了微生物伙伴的动物身上发生了什么。比如珊瑚，它们在长达数千年的时间里都依赖着叫作虫黄藻（*Symbiodinium*）

的微小海藻。虫黄藻可以进行光合作用，将阳光转变为化学能，与珊瑚宿主共享。[34] 如果条件不够理想，比如当水温迅速升高，就像近些年反复多次出现的那样，虫黄藻就会离开珊瑚群落，造成白化现象，最终可导致珊瑚的死亡。

白蚁同样依靠共同演化的微生物提供生存所需的营养素。实际上，它们那狼吞虎咽吃木头的能力应该归咎于生活在其肠道内的数十亿细菌和其他微生物。事实上，为白蚁带来益处的微生物大约组成了它们平均体重的40%。实验表明，将靶向微生物的抗生素喂食白蚁蚁后，其生存率和繁殖成功率均有所降低，并且该影响会进一步波及整个白蚁种群。[35]

小鼠和其他动物可以在无微生物的条件下饲养，它们在无菌条件下通过剖宫产出生，然后在一个严格控制、配有无菌水和食物的环境下长大。比较无菌小鼠、兔子和那些在一般环境下正常饲养的小鼠和兔子就会发现，完全去除体内的微生物组会导致动物从食物中获取能量和营养素，以及处理废物的能力发生改变，同时还会影响到功能性免疫系统和神经系统的发育，甚至影响它们的行为。[36] 由此可知，哺乳动物的正常发育依赖于完整的微生物组。

我们对微生物伙伴们所承担的角色了解得越多，也就越清楚地认识到我们演化历史的一部分是外包的——一部分本可以由我们自己的基因在内部完成的工作，却由微生物伙伴们携带的基因代劳了。这是一种有利的安排，部分原因在于微生物组含有的微生物基因数目是我们自己基因组的一百倍，也就意味着它们所能执行的功能远多于我们。[37]

有人进一步提出，我们应该废弃过去的概念，即明确地区分动物（或植物）宿主和它们的微生物共生体，改以全新的全基因组理论（hologenome theory）取而代之。该理论认为宿主和共生体应作为一个整体考虑，或者叫作共生功能体（holobiont），这个整体具有改变演化的能力。[38] 全基因组理论旨在告诉我们，尽管我们自己的基因组基本上是稳定的（我们无法摆脱那些在受精的一刹那就被赋予的基因），但我们的微生物组是动态的，几天之内就可能改变它的组成。也就是说，携带基因的微生物物种有能力面对不同的任务，比如保护宿主免于特定类型的细菌感染，从而为宿主-微生物共同体带来益处。也许更重要的是，我们的微生物组的演化速度远超过我们，大约在一代人的时间里可以繁殖十万代。这意味着，除了不同微生物种间的替换外，存在于特定宿主身上的微生物在许多代后仍可以对环境的改变做出快速的适应。

我们需要这种全能性，当今人类所面临的环境变化比历史上任一时期都更加迅速。随着高热量、高脂肪的加工食品取代了我们祖先高纤维、低热量的传统食物，我们的饮食已经发生了巨大的改变。感染性疾病在我们的演化历史中一直扮演着重要的角色，就像我们在第一章中看到的，巨大的人口数量与全球交通网络的结合使得我们对新疾病的蔓延尤其易感。我们将自己置于这样一种境地，即新型、潜在有害的微生物更加常见，而真正的微生物伙伴却不断被消灭。结果就是，在与有害微生物的对抗中，我们可用的武器少之又少。就像所有的生态系统一样，当我们的身体充满复杂多样的生命时，才可以更好地运转，尤其是充满那些已经在体内存在、演化了数千年的物种。

6

超越地平线

目前关于人类这个物种未来的讨论，我们已经回顾了对演化的历史所知道的内容，也看到了最近的趋势，所以至此便可以前瞻一下人类演化的未来。我们已经看到了巨大的人口数量和全球交通网络如何对我们基因库的多样性，以及对感染性疾病的易感性产生影响，同时这些疾病又是如何继续作为自然选择的执行者对人类发挥作用。我们也看到了自然选择影响我们的其他方式，以及随着经济发展如何导致了人口转变的发生。在那些已经经历人口转变的地区，我们还看到了性选择和微生物小伙伴的消失如何对我们演化的未来起着更加突出的作用。不过目前的讨论主要针对我们相对短期的未来，大概仅仅只是下一千代左右。

那么我们这个物种的远期前景又是如何呢？我们最终是将走向灭亡，还是基本保持现在的样子，仅仅在基因和微生物中发生一些微小的改变？再或者我们是否会像之前的许多物种一样，演化成为另外一种生物，形成人类的一个新种？我们对智人这个物种的最终命运又可以说些什么呢？

从统计学角度来看，我们的前景并不乐观。根据化石记录，99.99%曾经存在过的物种都逐渐灭绝了。就像作家比尔·布赖森（Bill Bryson）写的，“我们来自一个非常善于促进生命产生的星球，但是它更善于消灭生命”。[1] 灭绝可以发生在任何时间。在我们这颗星球的历史上已经发生过五次全球范围内的毁灭性事件，引发了大规模死亡。最具灾难性的一次发生在约2.5亿年前，很可能紧随西伯利亚一座巨型火山的爆发，它结束了二叠纪，大约80%～95%的物种被消灭。另一次发生在距今6,500万年前的大规模灭绝，基本上已经确定是由一颗直径约10千米的小行星撞上墨西哥尤卡坦半岛导致的，消灭了恐龙以及大量其他物种。[2]

类似的事件可能再一次发生。并且，它注定会再发生。基于地球上已发现的撞击坑的数量、大小和年代，研究者估计每8,000万年会出现一次与导致恐龙灭绝同样大小的陨石。[3] 上一次撞击发生在6,500万年前，如果在下一次撞击来临时人类依然存在的话，我们可能并不会像推测中的恐龙那样被打个措手不及，因为我们已经可以监测太空中小行星的运动并预测它们未来的轨迹。

美国国家航空航天局已经对我们附近的小行星，或者叫作近地物体，进行着密切监测。多亏了这些研究，我们知道有一颗直径约为一千米（大约为12个足球场的长度）的小行星会在2880年3月16日距离地球非常近。NASA的科学家认为它撞上地球的概率不会超过0.33%，但是一旦撞上，并且撞到陆地，就会造成超过4.8千米深的撞击坑。如果撞到海洋，则将引起浪头超过百米高的海啸。[4] 已经有很多人提出方法，用以保护我们免遭那些已知正朝着地球进发的小行星的撞击：从以宇宙飞船冲撞小行星使其运动轨道发生偏转，到生产一种太空拖船，通过在其表面镀上一层反射物质令阳光改变路径，进而温和地引导它远离我们，不一而足。[5] 目前没有任何一种策略经过测试，但是NASA已经在小行星上降落了无人宇宙飞船，并计划进行重定向系统的测试。

与小行星的影响相比，像过去那种导致大规模灭绝的大型火山爆发更常见，也更难预测和控制。地质学家使用从M1级（最小的爆发）到M8级（最大的爆发）的标准来衡量火山爆发的程度。在过去的1.35亿年中，已经至少有19次M8级及以上的火山爆发，并且在未来的一百万年中再出现同样规模的爆发的可能性高达75%。[6] 这些超级火山，就像在美国黄石国家公园下方的那个一样，已经被地质学家们严密监测起来。但由于进入现代以来，还没有出现过M8级或以上的火山爆发——最近一次已经是26,000年以前了，我们并不知道如何区分一个即将来临的小型爆发和一场对全球生命产生灾难性影响的大爆发之间的差别。

同时，对于阻止一个超级火山的爆发或仅是减轻它的影响，我们能做的也微乎其微。不仅充满熔岩的河流以及窜上百米高空的气体会将方圆上千公里范围尽数覆盖，倾泻而下的气体和灰烬还会产生持续数年的全球影响。1991年菲律宾皮纳图博火山（Pinatubo）的爆发，仅仅只有M6级，向大气中喷射出的气溶胶，就足以降低到达地球表面的阳光强度，令全球气温在长达两年的时间里下降了约0.5摄氏度。[7] 可以想象，一场M8或M9级的超级火山爆发，喷射到大气中的气体将足以阻断阳光，令光合作用无法进行，导致植物以及依赖该植物生存的动物死亡——包括人类。

除了自然灾害，还有很多种方式可以让我们亲手触发自己的灭绝，比如一次灾难性的核战争。间接地说，我们人类自身的活动本就足以造成环境危害，威胁到我们自己的存在。气候变化被认为会对农业带来负面影响，造成感染性疾病的发病率上升。气候变化同样还威胁到许多其他物种的生存，尤其是那些仅能生活在有限的气候条件下的物种，失去它们可能对人类也有间接的影响。[8] 随着我们人口数量的继续增长以及经济的持续发展，尤其在欠发达地区，我们这个物种对自然世界的影响只会不断增长。

根据最近几个世纪已经灭绝的以及目前具有灭绝危险的物种数量，生物学家们担心第六次大灭绝已经发生。[9] 有些物种可以直接确定已经灭绝，比如旅鸽和袋狼（Tasmanian wolf）。但还有许多其他物种已经消失，或因为失去栖息地、与随人类迁移而在世界范围内扩散的入侵物种竞争而濒危。随着生态系统多样性的丧失，这些物种的数量变得不稳定，并可能进一步减少。我们的发展势头已经把人类带向了第六次大灭绝，而我们是否能改变这一趋势，目前还并不清楚。

如何以保证我们自己长期生存的方式行事？我们这个物种对此并没有什么好记录。在位于中美洲伯利兹的一个深山洞中便可以看到令人寒心的例子。Actun Tunichil Muknal，或称为水晶坟墓洞穴，因其壮美的自然风光以及洞穴中发现的令人称奇的史前考古器物而成了著名的旅游景点。大约需要游泳半小时，再涉水经过一条地下河，爬上大岩石，最后从一个很窄的通道中挤出来，才能看到第一个玛雅遗迹。一旦从河边爬上岸，洞穴便逐渐打开，呈现出一个巨大的空间，钟乳石的影子开始在头灯产生的光线中舞蹈，破碎罐子的残片到处都是。正是这些人类的遗迹最直观地反映出当文明处于崩溃的边缘时，人们会变得多绝望。

通过一架临时的梯子到达一个平台，接着闪躲着走到一块巨石之下，就到了赋予这个岩洞名字的位置。那里躺着一具骨架，由于矿物质沉积在骨骼上，因而得名“水晶少女”。洞穴中发现的水晶少女以及其他13具骨架经判断来自公元前9世纪，正是玛雅文明开始崩溃的时候。[10] 古老的玛雅人将洞穴视为神圣之地，是强大神明的居所，比如可以控制降水的雨神查克（Chaac）等。考古学家霍利·莫伊斯（Holley Moyes）曾在20世纪90年代参与了对水晶坟墓洞穴的勘测发掘，他怀疑在这个洞穴中发现的残骸其实是为了取悦雨神而献出的祭品，代表着当时人们为了缓解旱情而做出的绝望尝试。[11] 在附近的考古现场，比如在蒂卡尔（Tikal）的发掘中发现，由于饮用水稀缺和庄稼枯萎，干旱导致人口骤减。玛雅人虽然存活了下来，但是他们的那些先进文明——已经开发出复杂的建筑、艺术、书面语言和数学的文明，在公元前1,000年就戛然而止。森林再一次将这片区域覆盖。

据生物学家贾里德·戴蒙德（Jared Diamond）所说，古玛雅的陨落其实是人类社会与周围环境相互作用方式的失败案例之一。[12] 考古学研究表明，到了9世纪，玛雅人口总数已经巨大到难以维系，在玛雅世界的中心——危地马拉的皮腾（Petén）地区，人口一度高达1,400万。随着人口的增长，人们越来越多地砍伐周围的森林，为种植玉米和豆类等庄稼腾出空间。砍伐森林和水土流失降低了农业的收成，限制了食物产量。当干旱开始，庄稼变得枯萎，出于对资源的极度渴望，邻里之间的争斗不断增加，这无疑加剧了人口数量的降低。人祭，就像水晶少女一样，已经成为试图拯救其文明的最后一根稻草。

戴蒙德从中看到了连接玛雅的灭亡和全世界其他远古社会坍塌的共同纽带，比如那些曾经生活在复活节岛（Easter Island）上的人、美国西南的阿纳齐族人（Anasazi）和格陵兰岛上的挪威人等。通过将这些失败的案例与成功的文明进行比较，戴蒙德认为其中的主要差别在于每个社会与其环境间的相互作用方式。曾导致玛雅文明衰落的砍伐森林，还有过度捕猎、过度捕鱼、水土流失，以及落后的水资源管理等，都可以作为导致曾经繁荣一时的文明最终覆灭的原因，同时也是继续威胁现代文明的因素。最后，戴蒙德将所有这些环境问题归结为一个根本原因：人口过剩。从这层意义上来讲，鉴于目前全球拥有70亿人口并仍在持续增长的事实，我们似乎已经步入了一个危险的境地。

然而，在审视那些使得物种对灭绝变得敏感的因素后，我们还是有理由保留一些乐观的态度。[13] 虽然一方面，更大型的动物处于食物链的上层并且繁殖较慢（对人类来讲同样适用），一般来讲，它们灭绝的风险更大。但另一方面，种群数量大、地理分布范围广的物种灭绝风险更低，而在这一点上，我们人类是无可匹敌的。这个星球的每一小块土地上几乎都有人类存在，至少能在发生任何毁灭性的自然灾害时，为我们这个物种增加一点存活下来的机会。

遗传多样性是另一个决定灭绝风险的重要因素，多样性低的物种风险更大，因为它们在自然选择的作用下对环境变化的适应能力更低，并且更易受到特定寄生虫扩散的攻击。正如已经看到的，我们这个物种相比亲缘关系最近的猿类遗传多样性更低，却处于快速变化中。此外，我们能够通过文化和技术手段快速适应某地状况的能力，也是其他物种不曾拥有的一把利刃。事实上，可以充分利用各种各样不同资源——包括各种食物——的物种，一般来讲更不容易灭绝，也就意味着我们或许还有一线生机。就像科学作家安娜莉·内维茨（Annalee Newitz）简明概括的一样，人类可以在大规模灭绝事件中得以幸存的关键就是“分散、适应能力和长记性”。[14]

如果我们成功地避免了由小行星、超级火山或是我们自己的破坏行为带来的毁灭性灾难，我们这个物种会变成什么样子呢？如今活在世上的一些物种看上去仍与远古的化石非常相像，这表明，演化的长期停滞状态是可能的。最广为人知的例子来源于1938年在南非港口城市东伦敦（East London）的发现。[15] 12月底的一个早晨，身为当地自然历史博物馆馆长的玛乔丽·考特尼–拉蒂默（Marjorie Courtenay-Latimer）到码头拜访她的渔夫朋友，在众多渔获中发现了一条长相奇特的鱼。那条鱼通体呈现一抹漂亮的蓝色，有多彩的斑点，鳍的形状很奇怪。玛乔丽被深深地吸引了，把它带回博物馆，画了一幅粗略的速写，并将鱼的皮肤和骨骼保存下来。随后，她将画送到当地一位鱼类专家J. L. B. 史密斯（J. L. B. Smith）那里，后者仅凭这张画就认出了这是一条腔棘鱼（coelacanth），一种迄今为止只从远古化石中了解过的鱼。他欣喜若狂，就像发现了一只活的霸王龙（*Tyrannosaurus*）。

腔棘鱼被尊为活化石，基本上与它8,000万岁的祖先没有什么显著区别。这就是一个演化似乎被按了暂停键的例子，说明至少有些物种可以几乎无限期地保持原有的样子。然而，无论是考特尼-拉蒂默发现的那条以她的名字（*Latimeria chalumnae*）命名的腔棘鱼，还是第二条稍晚些时候在印度尼西亚发现的依然存活的腔棘鱼，都没有被归为与化石记录中相同的物种。这两个活着的物种足够相似，所以被归为同一属，但是它们与所有已知的化石相比都存在足够多的差别——就像黑猩猩和大猩猩一样，因而被归为不同的物种。结合存活的和灭绝的物种，目前已知有大约十个不同属的腔棘鱼。尽管它们的确拥有很多相似之处，比如可以像长着四条腿的脊椎动物的肢体一样活动的叶状鳍，但显而易见的各种生理差异足以使它们被归到不同组别。[16]

这一结果说明，即使是作为最佳例证的动物，在数百万年间变化微小，也依然演化成了多个不同的物种。此外，保留在化石记录中的身体变化只反映出这些物种变化的一些方式。2013年发表的一项针对腔棘鱼基因组的分析表明，其基因以相比现存其他脊椎动物更慢的速率演化着，支持了演化的确在进行的观点，只是比亲戚们更慢一些。[17] 尽管对于其演化速率缓慢的原因还不得而知，但问题的关键在于所有的物种都在演化。其他所谓的活化石，比如鲨鱼、鳄鱼和鲎，都表现出相似的规律。表面上看，现代物种与远古的祖先很像，但它们已经不再是同样的物种了。它们克服困难，躲过了灭绝，奇迹般地存活下来，最终演化出新的形式，这个过程称之为物种形成（speciation）。

那么，一个新的人类物种的演化需要什么呢？生物学家喜欢争论定义“物种”的最佳方式，但是厄恩斯特·迈尔提出的定义依旧是在生物学家中最广泛使用的一种，即物种应该由它们与同一物种中的其他成员进行繁衍的能力来定义。这就是为什么我们把所有不同种类的狗视为同一个品种的成员——家犬（*Canis familiaris*）。因为尽管狗的种类看上去千差万别，但绝大多数可以交配生出小狗。如果物种被定义为种间交配的能力，那么物种形成就一定涉及生殖隔离，并且该过程可能通过几种不同的方式发生。

令人惊讶的是，我们现在知道微生物可以在这个过程中发挥作用。第5章中详细地讲述了生活在我们体内和体表的微生物如何在我们的生物学中发挥重要作用，并且我们的演化可能与一些微生物物种步调一致。事实上，我们已经开始意识到，微生物构成了新物种形成的部分原因。

以杂食的果蝇为例，那些以蔗糖或麦芽糖为食的果蝇，倾向于同与自己有相同食性的果蝇交配。一组以色列生物学家发现，果蝇交配的偏好实际上来自不同饮食的果蝇肠道微生物组的差异。[18] 他们通过实验表明，对接受不同饮食的果蝇进行抗生素处理，随着其肠道微生物被杀灭，对相同饮食伴侣的偏好也消失了。为了证明微生物确实是形成这种偏好的原因，他们接着令果蝇重新感染了原有的肠道微生物，发现对相同饮食伴侣的偏好又恢复了。在一个种群中，只与内部个体交配最终可以通过突变和基因漂变积累到足够多的遗传差异，使它们成为独立的物种。

微生物可以驱动物种形成更直接的证据来自位于田纳西州纳什维尔的范德堡大学塞思·博登斯坦（Seth Bordenstein）实验室。博登斯坦和他的研究生罗布·布鲁克（Rob Brucker）发现，同在金小蜂属（*Nasonia*）下亲缘关系很近的不同黄蜂种拥有不同的肠道细菌种群，类似于霍华德·奥赫曼在人类和类人猿中得到的研究结果。并且黄蜂种间亲缘关系越近，肠道微生物种群就越相似。[19] 此外，肠道微生物似乎还参与了保持物种间的隔离。博登斯坦和布鲁克让黄蜂一个种的雄性与另一个种的雌性交配，发现一些跨种配对可以产生存活的后代。但是其他的配对，比如丽蝇蛹集金小蜂（*N. vitripennis*）和吉氏金小蜂（*N. giraulti*）交配就无法产生。如果将它们置于无菌环境下培养，保持肠道的无菌状态，那么就可以产生健康的后代。然而一旦微生物被重新引入这些黄蜂的肠道后，便会再次出现后代的死亡，这提示了，肠道微生物对维持种间壁垒至关重要。

微生物在通过生殖隔离形成新物种的过程中所发挥的作用有多常见还不得而知，我们才刚刚开始了解有哪些微生物出现在人类的微生物组中，以及它们所扮演的各种角色。对于物种形成，已知最直截了当地阻止种群繁殖的方法就是物理隔离，比如高山或者大面积的水体。因此，岛屿——尤其是群岛（比如夏威夷岛和加拉帕戈斯群岛）就是产生新物种的理想地点。

启发查尔斯·达尔文发现自然选择的加拉帕戈斯群岛地雀就是完美的例子。如今，在加拉帕戈斯群岛的各个岛屿上生活着14个物种，还有1种在附近的可可斯岛（Cocos Island）上。[20] 当我还是个本科生的时候，我的研究导师马丁·维克尔斯基（Martin Wikelski）让我陪他去加拉帕戈斯做一次科考，参与一个关于海鬣蜥（marine iguanas）的项目。我们在小小的圣菲（Santa Fe）安营扎寨，那是距离群岛中央很近的一个无人居住的岛。地雀到处都是，并且像加拉帕戈斯群岛上的所有动物一样，有史以来捕食者的缺乏令它们无所畏惧。小小的雀鸟会落在我的头顶或是肩膀上，并且想方设法要吃到我们的零食。就像昔日的达尔文一样，我也注意到，不同地雀喙的形状是如此变化多端。正是这一点构成了不同种间最主要的差别，也是它们演化历史上的关键之一。

所有这些加拉帕戈斯地雀都是大约一百万年前从南美大陆来到岛上的一个单一物种的后代。岛屿与大陆的隔离使得奠基种群可以通过自然选择适应当地的环境，有些岛上的种群发育出相对应的喙和行为，以便吃到特定种类的食物：大喙有助于打开坚硬的种子，细长的喙则更善于从仙人掌里拽出昆虫。岛屿之间的距离足以使每个种群在相对隔离的状态下持续演化，彼此之间的差异逐渐积累，直到最终被认定为不同的物种。[21]

几年之后，作为一名研究生，我在遥远的可可斯岛进行着野外考察工作，它坐落于加拉帕戈斯群岛东北方向约780.5公里处，是唯一在加拉帕戈斯之外的地雀栖息地。那些同样喜欢我的零食的可可斯雀看上去和地雀几乎一模一样，长着中等大小的喙，可以用来吃种类范围更广的食物。不同于加拉帕戈斯群岛各个岛屿之间的相互隔离，可可斯就是一个大岛，为地雀的演化提供了机会。可可斯雀演化成不同于加拉帕戈斯岛上的表亲的地雀。但是在可可斯岛上，它们无法进一步产生不同的物种。物种形成的关键就是在演化过程中避免种群之间的交配，因为发端的物种可以通过基因流动被重新吸收回它们业已分离出来的物种。事实上，基因组数据显示，这种情况在加拉帕戈斯雀身上已经至少发生过一次，并且同样的过程如今可能还会再次上演。[22]

如果种群分离是新物种形成的最简单方式，那么想造成人类新物种形成到底需要多少隔离呢？让我们再来回顾一下历史。我们知道有许多种群已经被隔离了几百年甚至上千年，但是并没有新物种的形成。被认为在超过15,000年前从东北亚迁移到新世界的美洲印第安人，应该算是隔离时间最久的人类种群之一了。但是戴维·赖希、尼克·帕特森和同事们通过比较现代美洲印第安人和其他族群的基因组，发现至少发生了两次从亚洲到美洲迁移的遗传证据，这表明基因流动持续的时间比预计中更长。[23] 不过，美洲印第安人在漫长隔离期间受到的自然选择和迁移期间发生于一系列人口瓶颈之后的遗传漂变的共同影响下，的确形成了一个遗传学上不同的种群。但是他们从来都没有成为一个不同的物种。

由于在人类这个物种中并没有物种形成的例子，为了理解隔离到底如何在种系生成的整个过程中做出贡献，就必须看向我们的近亲。为了亲眼见到证据，我来到史密森尼国家自然历史博物馆，拜访了古人类学家里克·波茨（Rick Potts）。我已经参观过了人类起源展厅中的化石，波茨又带我看了一些不对外公开展览的标本。博士毕业后我曾在一家博物馆的昆虫部做访问研究员，所以走到幕后公众禁区的感受对我而言并不陌生。即使如此，每当我穿过那些黄铜框架的双层玻璃门进入限制区时，依然像第一次进入似的会产生头晕目眩的激动感觉。我永远忘不了我还是个孩子时到博物馆参观，曾如何梦想着有一天可以在那里工作。这实在是一种梦想成真的体验。

博物馆的限制区很大，有点像迷宫，即使在以前当研究员时，我也经常在那里迷路。不过，我还是顺利地找到了人类学藏品区，这里从过道的地板到天花板排列着许多橱柜，抽屉里面装满人类骨骼。在展厅的尽头，我找到了波茨的办公室。他向我展示了一个头骨化石的复制品，以及一些看上去明显比其他绝大多数都小的骨头。波茨向我解释道，这个标本来自以体型小而著称的“霍比特人”（Hobbit）①，也许是我们所知的隔离导致人类近亲发生物种形成的最好例子。

“霍比特人”的骨骼在2003年发现于印度尼西亚弗洛里斯岛（Island of Flores）的一个山洞中。[24] 这是一个成年个体的骨骼，但直立高度只有约0.91米，大脑尺寸只有现代人类的三分之一左右，它们矮小的体型震惊了整个古人类学界。怀疑者认为这一定是个患了病的智人，但陆续又有至少九具相似大小的遗骸被发现，结合后续分析结果，最终令绝大多数怀疑者相信：这些化石代表了一个不同的人种——弗洛里斯人（*Homo floresiensis*）。波茨举着这些复制品指出，该物种具有的一些典型身体特征，比如头骨上的眉骨、手腕的骨头以及下颌的形状等，都很像原始的物种，比如直立人或是更早的南方古猿（*Australopithecus*）。但是“霍比特人”的遗骸距离我们实在太近了（最初估计它们可能生活在距今仅18,000年前），不可能出自那么古老的物种。另外，其他特征，比如骨盆、牙齿、脸型等，都与那些更古老的物种存在本质上的差异。波茨指出，根据现有证据，最可能的情况是，从直立人的一个种群演化而来的弗洛里斯人前往了弗洛里斯岛，产生了隔离，最终造成了新物种的形成。

到达弗洛里斯岛并不容易。这个岛坐落于澳大利亚和爪哇岛之间，而爪哇岛正是欧仁·迪布瓦在1890年首次发现直立人化石的地方。艾尔弗雷德·拉塞尔·华莱士这位自然选择的共

① 霍比特人是英国作家托尔金的奇幻小说中的一个民族，身材矮小。此处“霍比特人”是发现者们为弗洛里斯人取的绰号。——编者注

同发现者，在此收集标本期间曾经到访过弗洛里斯岛。根据他的观察发现，弗洛里斯和其他附近的岛屿栖息着许多不同于爪哇更西面和临近岛屿的动物。这很奇怪，因为所有岛屿的气候和植被看上去都很相似，彼此之间的距离也差不多，并没有什么显而易见的障碍使得动物们可以在其中一些岛屿间迁移，却无法抵达另外一些岛屿。实际上，其中的两个岛屿——巴厘岛和龙目岛之间仅有不到32千米的距离，岛上却生活着截然不同的鸟类和哺乳动物。动物种群的交换率非常有戏剧性，以至于华莱士可以在地图上画出一条分界线来对其进行区分：分界线以西，绝大多数动物种类可以在亚洲找到；而在以东区域，更多是典型的来自澳大利亚和新几内亚的动物。[25]

华莱士画出的分界线后来被证实与大陆架的边缘相吻合。然而他没注意到的是，巴厘岛东侧的水位非常深，深到即使在海平面降低的时候依然会构成岛屿间的阻隔。相比之下，西边水位就浅得多，当海平面变低的时候，连接巴厘岛和爪哇及其他岛屿的大陆桥就可以将分界线以西的岛屿与亚洲大陆相连。[26] 所以，爪哇岛和巴厘岛上的动物无须跨越海洋，走着、跳着，甚至飞着就可以到那里。但是如果想要到达龙目岛以及弗洛里斯岛，就意味着需要跨越几片开阔的水域，并不是直立人力所能及的。但无论通过怎样的方式，“霍比特人”的祖先一定成功越过地平线，穿过华莱士线，从再也没回去的地方到达了这片充满奇怪生物的岛屿。

波茨解释说，目前的考古证据表明，导致“霍比特人”发生新物种形成的物理分离持续了成千上万年。就像我们看到的，目前人类的趋势是完全相反的，种群间的相互连接比历史上任何一个时间点都多。要想在现代人类之间创造出隔离状态，需要出现非常重大的改变，比如种群数量的急剧下降或是全球交通网络全面且长期瘫痪。只要我们这个物种的居住范围依旧限定在地球上，想要创造隔离就必须如此。

尽管在其他星球上建立人类永久的聚居地已经是科幻小说中由来已久的想法，但近些年关于将其付诸实施的严肃讨论变得越来越多。无论像NASA一样的政府机构，还是商业航天机构，都表达了在地球以外建立一个更适宜人类的长久居所的愿望。一些人已经开始为这个还仅仅作为一种可能的前景做起准备工作了。

“欢迎来到火星！”前来欢迎我的两个人穿着黑色连体衣，戴着的鱼缸样头盔通过PVC管子与背上写有巨大红色数字的长方形背包相连。他们自我介绍是肯·沙利文（Ken Sullivan）和帕梅拉·尼可莱塔托斯（Pamela Nicoletatos），接着他们带领我走上一组台阶，来到一个白色的柱状结构面前。在我们周围的各个方向都充满了红色的石头和沙子，一派荒无人烟的景色。沙利文伸出他戴着厚实黑色手套的手，打开一扇有圆形窗子的金属门。我们三人迈进一间小屋，重重的门在身后关闭。沙利文按下一个按钮，指示灯迅速由白变红，我看到墙上仪表盘的指针缓慢地从左边读数为“火星环境”的黄色区域移动到右边显示“居住舱环境”的蓝色区域。仪表盘上方显示着一个稳定上升的数字，最终停在了1,000。沙利文按下对讲机上的按钮，开始向耳麦里说话。另一道厚厚的门打开了，我们进入了居住舱的内部。

这个火星沙漠研究站（Mars Desert Research Station）是由火星学会（Mars Society）掌管并指挥的，火星学会是一个旨在探索和移民火星的非营利组织。研究站坐落于犹他州沙漠的深处，有一个由四到七人组成的团队前来进行每次为期几周的模拟。在我到达时，正是Crew 149机组进行模拟的第一个整天，此时组内成员正经历着他们的第一次危机：为研究站主要的居住和工作空间提供电力的柴油发电机似乎出现了故障。沙利文和尼可莱塔托斯已经被派去检查这一问题。他们的应急方案是用一个探测车（其实是个卡车）来保持电力供应，但此刻似乎也失效了。整个机组的指挥官保罗·巴肯（Paul Bakken）——一个有着健壮体魄、沉着举止、有军队背景的明尼苏达人，正忙着解决这个问题。探测车上的几个保险丝都烧断了之后，他通过对讲机通知大家当前唯一的选择就是派一支小队去最近的小镇购买零件。为了尽可能让模拟具有真实性，他们穿着太空衣、戴着头盔以及所有装备，开着探测车前往汉克斯维尔（Hanksville）小镇。

与此同时，留下的成员继续进行他们每天的例行事务。尼可莱塔托斯是机组温室舱的负责人（负责机组种植植物类食物的温室），也是一位地质学家，他向我展示了团队正在进行的实验，希望确定高粱和啤酒花（用来酿造啤酒的原始材料）可否在与火星土壤化学组成完全相同的土壤中生长。机组的生物学家——安-索菲耶·施罗伊斯（Ann-Sofie Schreurs）和长沼武（Takeshi Naganuma）已经开始在居住舱附近的区域寻找地衣，这是一类有硬壳的生物，包含一种真菌以及与其有共生关系的藻类。长沼武是一位日本生物学家，专门研究极端环境下的生物，曾经前往南极和海底。他认为地衣耐寒的藻类同伴或许可以在火星上生长。

曾经在商业航天工业领域工作的凯利·热拉尔迪（ Kellie

Gerardi）如今是团队的公共事务官员，她向我展示了一些团队的其他工作。她指向一个便携式3D打印机，表示那是团队准备用来制造工具的。她的同事已经通过email发给她一些工具设计图，有些是机组之前没想到会需要的，比如：捕鼠器。她带我爬上梯子来到居住舱的上层甲板，那里就是厨房和卧室的所在。机组的健康官员埃琳娜·米斯科丹（Elena Miskodan）是一位来自罗马尼亚的创伤外科医生，正坐在厨房的桌边检查一个巨型急救箱里的东西。她身后的厨房操作台上有一个盒子，热拉尔迪拉开了许多不同的包装，其中包括咸味斑马狼蛛和蟋蟀粉，都是机组成员在模拟过程中打算尝试的蛋白质来源。她解释道，昆虫是一种比鸡肉或牛肉更具可持续性的动物蛋白来源，因而成为火星牲畜的更佳候选。

结束了由奶酪通心粉构成的标准地球式午餐后，团队针对生活在火星上的移民者必须克服的种种障碍展开讨论。安-索菲耶·施罗伊斯——一位曾在NASA研究辐射和微重力对人体的生物学效应的比利时生物化学家指出，两者都将是人类在火星生活所必须面对的问题。火星的重力只有地球上的三分之一，使它并不像月球那么极端。但是微重力和辐射都会造成骨骼的流失，在太空中骨密度的降低速率约为每月1%～2%。[27] 这也就意味着长期生活在火星上的人将不可能再回到地球，因为进入地球大气的过程中宇航员会受到近8倍于地球表面重力的力量，这无疑会把一个骨骼已经变得脆弱的人彻底压垮。

辐射是生活在火星上的另一个大问题。火星缺少磁层或是大气层的保护，辐射以高能宇宙射线、强烈的紫外线和太阳粒子的形式几乎全部撞向火星表面。[28] 仅仅是从地球到火星预计耗时六个月的路程，就足以让火星移民们受到相当于美国能源部给从事辐射相关工作的人员设定的每年最大辐射剂量17倍的辐射。而到了火星表面，每500天还会受到相似剂量的辐射。辐射中毒对火星移民来说是一个严重的问题，宇航服并不能提供太多保护，因此住宅很可能不得不建在地下。然而，鉴于依然需要在火星表面花些时间来种庄稼（它们同样也会是辐射的受害者）和完成其他任务，受到一些辐射似乎无法避免。除了骨骼流失，离子辐射也会损害DNA，直接导致突变产生，进而可能诱发恶性肿瘤。因此，在火星上对癌症的预防要比在地球上更加困难。

尽管存在种种挑战，仍有许多人认为移民火星是一件人类近期优先级很高的事情。2014年，商业航天公司SpaceX开始在南得克萨斯州建造发射设施。在动工仪式中，公司CEO埃隆·马斯克（Elon Musk）表示，人类首次拜访其他星球的旅程可能即将由此启程。[29] 马斯克坚信，永久性地移民火星或其他星球对人类这个物种的长期生存极有必要。就像我们看到的，小行星撞击、超级火山，以及我们自己的破坏行为，都可能对我们在地球的生存时间构成限制。火星是距离我们最近的一颗有潜力建立自我维持的聚居地的星球。在其极地地区和其他可能的地区土壤中存在冻水，可供人类饮用和灌溉庄稼。它还有二氧化碳，可以转化为氧气，这意味着移民们可以在聚居地生产氧气供给呼吸。其他材料，如建设所必需的金属材料，也可以加以开采。

将人类和供给带往火星是一项创举，而让同一批人回来则是另一重奇迹。几架无人宇宙飞船已经成行，但无一有返回计划。一方面的困难在于如何为宇宙飞船提供足以使其逃离火星重力并推进它一路返回地球的燃料。1996年，工程师罗伯特·祖布林（Robert Zubrin）提出了一个解决办法，意在将返途问题完全规避掉。2011年，荷兰企业家巴斯·朗斯多普（Bas Lansdorp）成立了一家非营利组织火星一号（Mars One），跟进了祖布林的想法。火星一号的目标就是从2027年起在红色星球（火星）上建立一个人类聚居地，单程向火星输送移民。尽管非常确定他们将永远不会返回地球，但还是有超过四千人申请成为第一批移民。[30] 来自火星沙漠研究站Crew 149机组的7位成员中也有6位提出了申请。

沙利文是4个年龄从不满1岁到15岁不等的孩子的父亲，他谈起了如果被选中成为火星移民，离开家庭只身前往将面临的情感挑战。他是一位以驾驶救护直升机为生的技师，也在伊拉克做过美国军方承包商，类似的风险他曾数次面对。但主动离开孩子们到另外一个星球生活，是完全不同的挑战。尽管如此，沙利文解释道，对他来讲能有机会加入这样可以为人类存活带来希望的史诗般的历险，个人的牺牲是完全值得的。不过，他还是希望孩子们在他启程永别地球的现实到来之前已经长大成人。

在火星上建立一个永久的、可以自我维持的人类聚居地不但涉及在那里生活和死去的人们，更与在那里出生的人们息息相关。目前关于在类似太空或其他星球的环境条件下生殖和发育的研究数量极少，火星上更小的重力尤其可能给怀孕、分娩和生长带来问题。尽管对于鱼类、两栖类和鸟类的研究显示，受精率在微重力状态下与地球接近，但日本科学家对老鼠胚胎发育进行的一项研究表明，哺乳动物可能要比其他物种面临更多的问题。[31] 若山明香（Sayaka Wakayama）和同事们对小鼠进行体外受精，并在模拟微重力状态下培育受精胚胎。他们发现在使用相同技术的前提下，相比正常重力条件下诞生的健康幼崽数量更少。

同样未知的，还有在一个没有微生物的环境中出生可能受到的影响。就像我们在第5章已经讨论过的，孩子们在顺产的过程中从母体获得了一些自身需要的细菌，同时也从周围的环境中得到一些其他的微生物。据我们所知，火星上是没有微生物的，所以火星孩子所能接触到的仅有我们在有意无意间从地球带过去的物种。引入微生物不仅对人类健康是必需的，对实行所谓的生态系统服务也不可或缺，比如分解（试想没有生物降解作用而堆积如山的垃圾）、固氮（将大气中的氮气转变成可以被生物利用的形式）和发酵（高粱和啤酒花若没有酵母的帮助是无法酿成啤酒的）。

看着围坐在桌边的这一队人，这些渴望以生命为代价到红色星球进行一场单程冒险的人，我很好奇他们是否会成为未来新的人类物种的建立者。如果一个火星群落可以自我维持数千年，那就可能创造出物种形成的合适条件。就像群岛上的地雀一样，生活在太阳系的另外一颗星球或是其他地方的人类可以在自然选择的作用下，逐步适应当地的环境，实现独立演化。

在其他星球上，物种形成的过程甚至可能比地球上更快一些，因为辐射改变DNA，辐射量在可承受范围内的增加会提高我们生殖器官的突变率，以比在地球上更快的速率将多样性引入基因库中。生活在火星和其他星球上的人类，以及我们带过去的任何物种，在加速的自然选择作用下或许可以更快地适应完全不同的物理环境。初代火星移民的总人数很少，意味着遗传漂移和基因冲浪可能在改变地外族群的基因库方面发挥作用。如果我们可以摆脱灭绝的命运，也许人类长远的未来，就是从名为智人的单一地球物种演化形成一众后代物种，占领如今我们仍在探索的宇宙。

我没办法在火星上待太久。当我回到休斯敦的家中时，我的妻子已经怀孕八个月了，孩子随时可能出生。幸运的是，我在她分娩前回到了家。托马斯（Thomas）降生于一个周一的早上，他出生的医院距离我妈妈出生的地方仅有几步之遥。尽管如今她住在560公里以外，却还是来帮我们照顾了几天另外两个孩子。我妻子的妈妈稍晚一些也会从更远的地方赶来。在分娩过程中，由于几周前我妻子的链球菌测试呈阳性，医生为她静脉注射了抗生素作为预防措施。尽管是这种情况下的标准处理方法，但我还是情不自禁地担心这是否会对我的儿子在出生过程中接触有益微生物造成影响。

看着托马斯小小的脸，尽管和哥哥姐姐们的相像之处显而易见，但毫无疑问他是独一无二的个体。我知道他有我和妻子各一半的基因，但很好奇在他的基因组出现了多少新的突变，以及其中是否存在有益突变。他将过上什么样的生活？他会活多久？会有自己的孩子吗？他能活着看到人类首次移民到另一颗星球吗？或许他就是移民之一？

在医院的房间里第一次抱他的时候，我知道这就是我们能做的最好的事情。这是我们过去一直在做的，并且无论如何也是我们将一直做下去的。在这里，在我的臂弯里，就是我与人类未来的连接。

后　记

过去的几十年为我们演化的历史提供了令人难以置信的信息。我们已经完成了超过一千个人类基因组的完整测序，其中有对今人和相关微生物的研究，也有对来自古老遗骸的DNA的探索。将这些信息与历史种群记录、大型生物医学研究的数据相结合，揭示出自然选择在农业和工业的发展中仍在持续进行，并且将对现代人类继续施加影响。感染性疾病等，既包括疟疾之类的老对手，也有像埃博拉病毒一样的新威胁，它们很可能继续作为自然选择的执行者推动我们演化的未来。然而，我们同样也看到了其他演化力——突变、性选择、遗传漂移和基因流动等——是如何对我们产生影响的，并且至今仍在发挥作用。

伴随着现代化而来的种种变化已经改变了每种演化力对我们持续演化产生影响的方式。我们当前所拥有的巨大的全球种群数量，以及父亲年龄逐渐增加的趋势，全都意味着如今出生的孩子们拥有有史以来最多的突变。突变是基因变异最根本的来源，因此我们的基因库坐拥空前丰富的自然选择原材料。

自然选择仍在发生，但是与过去的方式有所不同。个体的生存机会，以及他/她留下后代的数量，如今在很大程度上取决于文化的影响，包括社会经济学状况和现代医疗、药物、避孕手段等的可获得性。在当前世界，发达地区与欠发达地区之间依旧存在的巨大差异影响了人群的预期寿命和感染性疾病造成的后果。然而，技术和医学正越来越多地削弱基因与个体生存、生育成功之间的联系。尽管抗生素和剖宫产等医疗手段的确拯救了大量生命，它们还是在不经意间给微生物——我们的长期演化伙伴带来了有害的影响。至今仍不确定失去这些微生物伙伴对我们的未来意味着什么。

人口转变，尤其是出生率和死亡率随着经济的发展不断下降，同样对选择的力度、影响以及方向发挥了巨大作用。这样的人口转变使得选择向着影响生育能力的性状进行，对我们正在进行的演化尤为重要。我们对性选择究竟如何对演化的历史造成影响依然知之甚少，并且从过去了解到的情况可能与未来关系有限。我们选择性伴侣的方式也在改变，过去演化形成的那些对潜在伴侣基因质量的偏好，在现代的婚姻方式中不再必需。与此同时，避孕手段和辅助生育技术的广泛运用，比如体外受精等，意味着人们对自己的生殖有了更多的控制，进一步削弱了基因的重要性。

影响我们当下演化的另一种方式是人们在世界范围内的迁移，并且这种方式可谓史无前例。迁徙在我们这个物种的历史中始终扮演着非常重要的角色，种群间——甚至亲缘关系很近的物种，也一直进行着基因和微生物的交换。但是如今迁移的速率意味着我们这个物种正在迅速接近一个点，从此我们不再由偶尔交换基因的独立种群所组成，而是变成了一个全球性的单一种群，拥有一个快速流动的基因库。任何从世界的某一部分产生的有益突变都可以很快扩散。但是同理，新出现的疾病也是如此。

我之所以开始写这本书，是缘于看到许多科学家并不愿对我们这个物种的未来做出预言。鉴于现代化对我们的演化产生影响的方式多种多样，也就很容易理解为何从过去推导到未来会出现问题。然而，我希望就像已经给大家展示过的那样，我们可以从影响我们祖先的演化力及其发生变化的过程中，了解到关于未来演化的信息。新的信息在迅速累积，尤其在大数据领域，比如基因组学和微生物组学的研究。

即将来临的颠覆性发展也将彻底改变我们的演化轨迹，而从过去得到的知识在预测未来方面几乎帮不上任何忙。在本书中，我们对其中一个发展方向进行了探索，即移民到其他星球，可能导致通过物种形成的演化过程产生新的人类物种。尽管太阳系中的各个星球与群岛中的各个岛屿确实很像，但是当我们考虑到其他星球上的环境与我们目前已经居住了40亿年的地球有着根本性的不同时，这个类比能告诉我们的就相当有限了。不过，种种差异也可能驱动自然选择偏向适应那些当下看来并不友好的环境。

另外一个可能从根本上改变我们的演化进程，并且堪称前所未有的未来发展，就是人类基因工程技术的广泛运用。基因治疗——即特定的基因被定向地改造，从而获得想要的结果——已经在多个非人物种中进行了大量实验，并且目前正在探索把它用于治疗一些先天性疾病，比如血友病（hemophilia）和囊性纤维化（cystic fibrosis）等的可能性。但是修改成年人体细胞（除了产生精子和卵细胞的生殖细胞以外的身体细胞）的基因将只对特定个体发挥作用。2015年，中国科学家宣布对人类生殖细胞进行了基因编辑，也就是那些会形成精子或卵子的细胞。这创造出了一种新的可能性，令实验室中产生的变化能够像天然突变一样代代相传。[1]

尽管这项技术对遗传性疾病具有产生可遗传治愈的潜能，但同样引发了大量的争论，主要针对这些技术应该如何使用的伦理问题。2015年12月，华盛顿特区举办了一场国际峰会，专门讨论新基因编辑技术的应用。[2] 与会人员一致同意，相关技术可以用于实验室研究，但不应该被用在以妊娠为目的的人类胚胎上——至少就目前而言必须如此。

人类生殖工程技术为我们提供了指引自身演化的能力，尽管这并不一定是有利的发展。科学历史学家纳撒尼尔·康福特（Nathaniel Comfort）指出，医学遗传学这一现代学科可以直接追溯到19世纪到20世纪早期的优生学理念，该学科试图通过控制生殖来改善人类状况。21世纪的基因工程技术与纳粹的种族主义有着天壤之别，后者歪曲了优生学的原理，并将其作为政治手段。但是在指引人类演化的任何尝试中，都存在着这一根本性的诱惑。康福特在他2012年出版的《人类优化科学》（*The Science of Human Perfection*）一书中对此做了很好的描述："任何为改善人类所做出的努力，其本质都是为了整个人类群体的最佳利益。但无论是否出于自愿，它们总会涉及社会的控制。"[3]

很明确的是，仅在部分人中诱发可遗传的基因改变将引发很多严肃的伦理问题。另一方面，如果这样的技术只选择性地提供给少数人，那么我们这个物种作为一个整体会受到的影响就很小。此外，非常现实的一点就是，我们距离了解每一个基因的作用究竟是什么、它们之间如何相互作用，以及在人类发育的不同时间和身体的不同部位，它们又如何通过开启和关闭来调节自身功能等问题还有很长的一段路要走。现在我们已经完成了对人类基因组的测序，可以开始阅读生命的说明书了，但这并不意味着我们理解其中讲述的每一件事。

注　释

前　言

1. Charles R. Darwin, *The Descent of Man and Selection in Relation to Sex* (London: John Murray, 1871).
2. John Gurche, *Shaping Humanity: How Science, Art, and Imagina*
3. *tion Help Us Understand Our Origins* (New Haven: Yale University Press, 2013).
4. Theodosius Grigorievich Dobzhansky, *Mankind Evolving: The Evolution of the Human Species* (New Haven: Yale University Press, 1962).
5. Ernst Mayr, *Animal Species and Evolution* (Cambridge: Belknap, 1963); Stephen Jay Gould, "The Spice of Life: An Interview with Stephen Jay Gould," *Leader to Leader* 15 (2000): 14–19; Ben Dowell, "David Attenborough: 'I Don' t Ever Want to Stop Work,' " *Radio Times*, September 9, 2013, http://www.radiotimes.com/news/2013-09-09/david-attenborough-i-dont-ever-want-to-stop-work (accessed September 1, 2015).

6. John A. Endler, *Natural Selection in the Wild* (Princeton: Princeton University Press, 1986).
7. Christopher Wills, *Children of Prometheus: The Accelerating Pace of Human Evolution* (New York: Basic Books, 1998).
8. Herbert George Wells, *The Time Machine* (New York: Henry Holt, 1895).
9. Keith M. Johnston, *Science Fiction Film: A Critical Introduction* (London: Berg, 2013)

第一章 基因组学与微生物

1. James Shreeve, *The Genome War: How Craig Venter Tried to Capture the Code of Life and Save the World* (New York: Ballantine Books, 2007); Tim Radford, "Scientists Finish First Draft of DNA Blueprint," *Guardian*, June 26, 2000 (accessed July 8, 2015).
2. 一些特殊的细胞，如红细胞等，并不具有细胞核结构，因此没有构成遗传物质的染色体。
3. Tomislav Domazet-Los ˇo and Diethard Tautz, "An Ancient Evolutionary Origin of Genes Associated with Human Genetic Diseases," *Molecular Biology and Evolution* 25 (2008): 2699–707.
4. Rasmus Nielsen, Ines Hellmann, Melissa Hubisz, Carlos Bustamante, and Andrew G. Clark, "Recent and Ongoing Selection in the Human Genome," *Nature Reviews Genetics* 8 (2007): 857–68.
5. 桑格与沃尔特·吉尔伯特（Walter Gilbert）、保罗·伯格（Paul

Berg）分享了他的第二个诺贝尔奖。桑格的第一个诺贝尔奖是因为他在蛋白质结构，特别是胰岛素结构方面进行的研究。

Nobel Media, "The Nobel Prize in Chemistry 1958," http://www.nobelprize.org/nobel_prizes/chemistry/laureates/1958/ (accessed June 30, 2015); Nobel Media, "The Nobel Prize in Chemistry 1980," http://www.nobelprize.org/nobel_prizes/chemistry/laureates/1980/ (accessed June 30, 2015); Frederick Sanger, Steven Nicklen, and Alan R. Coulson, "DNA Sequencing with Chain-Terminating Inhibitors," *Proceedings of the National Academy of Sciences* 74 (1977): 5463–67.

6. Seema Kumar, "Whitehead Scientists Enjoy Genome Sequence Milestone," *MIT News*, July 12, 2000, http://newsoffice.mit.edu/2000/whitehead-0712 (accessed June 30, 2015).

7. Pardis C. Sabeti, David E. Reich, John M. Higgins, Haninah Z. P. Levine, Daniel J. Richter, Stephen F. Schaffner, Stacey B. Gabriel, et al., "Detecting Recent Positive Selection in the Human Genome from Haplotype Structure," *Nature* 419 (2002): 832–37.

8. Anthony C. Allison, "The Discovery of Resistance to Malaria of Sickle-Cell Heterozy-gotes," *Biochemistry and Molecular Biology Education* 30 (2002): 279–87.

10. Anthony C. Allison, "The Distribution of the Sickle-Cell Trait in East Africa and Elsewhere, and Its Apparent Relationship to the Incidence of Subtertian Malaria," *Transactions of the Royal Society of Tropical Medicine and Hygiene* 48 (1954): 312–18.

11. 1949年，一份在意大利米兰举行的遗传学会议的会议记录出版。会议期间，演化遗传学家J.B.S.霍尔丹（J. B. S. Haldane）指出，在包括人类在内的所有物种中，传染性疾病可能都是自然选择的重要力量。演讲后进行的讨论中，霍尔丹和意大利遗传学家朱塞佩·蒙塔伦蒂（Giuseppe Montalenti）讨论了另一种人类遗传性血液疾病，即地中海贫血症，令患者在特定的情况下具有优势的可能性。与镰状细胞一样，两个疾病等位基因的拷贝才能导致完全的地中海贫血症状。据霍尔丹推测，如果饮食中缺乏铁元素，那么只有一个等位基因的杂合子可能情况会稍好一些。尽管缺少相关记录证明讨论中涉及疟疾或镰状细胞，但是，这份会议记录经常被作为首次提出对镰状细胞性状的自然选择，可能由于它在疟疾中起到的保护作用这一观点而被引用。

J. B. S. Haldane, "Disease and Evolution," *La ricerca scientifica supplemento* 19 (1949): 1–11; Joshua Lederberg, "J. B. S. Haldane (1949) on Infectious Disease and Evolution," *Genetics* 153 (1999): 1–3; James V. Neel, "The Inheritance of Sickle Cell Anemia," *Science* 110 (1949): 64–66; E. A. Beet, "The Genetics of the Sickle-Cell Trait in a Bantu Tribe," *Annals of Eugenics* 14 (1949): 279–84; James B. Herrick, "Peculiar Elongated and Sickle-Shaped Red Blood Corpuscles in a Case of Severe Anemia," *Archives of Internal Medicine* 6 (1910): 517–21; Lemmuel W. Diggs, C. F. Ahmann, and Juanita Bibb, "The Incidence and Significance of the Sickle Cell Trait," *Annals of Internal Medicine* 7 (1933): 769–78; Anthony C. Allison, "Protection Afforded by Sickle-Cell Trait Against Subtertian Malarial Infection," *British Medical Journal* 1 (1954): 290–94.

12. Anthony C. Allison, "Polymorphism and Natural Selection in Human Populations," in *Cold Spring Harbor Symposia on Quantitative Biology* (Cold Spring Harbor, N.Y.: Cold Spring Harbor Laboratory Press, 1964); Anthony C. Allison, "Notes on Sickle-Cell Polymorphism," *Annals of Human Genetics* 19 (1954): 39–51.

13. Eric Elguero, Lucrèce M. Délicat-Loembet, Virginie Rougeron, Céline Arnathau, Benjamin Roche, Pierre Becquart, Jean-Paul Gonzalez, et al., "Malaria Continues to Select for Sickle Cell Trait in Central Africa," *Proceedings of the National Academy of Sciences* 112 (2015): 7051–54; World Health Organization, "Malaria," fact sheet no. 94, April 2015, http://www.who.int/mediacentre/factsheets/fs094/en/ (accessed July 7, 2015).

14. S. J. Allen, A. O' Donnell, N. D. E. Alexander, M. P. Alpers, T. E. A. Peto, J. B. Clegg, and D. J. Weatherall, " α +-Thalassemia Protects Children Against Disease Caused by Other Infections as Well as Malaria," *Proceedings of the National Academy of Sciences* 94 (1997): 14736–41; Sarah A. Tishkoff and Brian C. Verrelli, "G6PD Deficiency and Malarial Resistance in Humans: Insights from Evolutionary Genetic Analyses," *Infectious Disease and Host-Pathogen Evolution* (2004): 39–74.

15. Sharon R. Grossman, Ilya Shylakhter, Elinor K. Karlsson, Elizabeth H. Byrne, Shannon Morales, Gabriel Frieden, Elizabeth Hostetter, et al., " A Composite of Multiple Signals Distinguishes Causal Variants in Regions of Positive Selection," *Science* 327 (2010): 883–86.

16. J. B. McCormick and S. P. Fisher-Hoch, "Lassa fever," in *Arenaviruses I* (Berlin: Springer-Verlag Berlin Heidelberg, 2002); Kristian G. Andersen, Ilya Shylakhter, Shervin Tabrizi, Sharon R. Grossman, Christian T. Happi, and Pardis C. Sabeti, "Genome-Wide Scans Provide Evidence for Positive Selection of Genes Implicated in Lassa Fever," *Philosophical Transactions of the Royal Society B: Biological Sciences* 367 (2012): 868–77.

17. Erika Check Hayden, "Ebola's Lost Ward," *Nature* 513 (2014): 474–77.

18. 疾病预防控制中心，"2014 Ebola Outbreak in West Africa—Reported Cases Graphs," July 2, 2015, http://www.cdc.gov/vhf/ebola/outbreaks/2014-west-africa/cumulative-cases-graphs.html (accessed July 7, 2015); Stephen K. Gire, Augustine Goba, Kristian G. Andersen, Rachel S. G. Sealfon, Daniel J. Park, Lansana Kanneh, Simbirie Jalloh, et al., "Genomic Surveillance Elucidates Ebola Virus Origin and Transmission During the 2014 Outbreak," *Science* 345 (2014): 1369–72.

19. 联合国安理会，"With Spread of Ebola Outpacing Response, Security Council Adopts Resolution 2177 (2014) Urging Immediate Action, End to Isolation of Affected States," 第7268次会议，2014年9月18日。http://www.un.org/press/en/2014/sc11566.doc.htm (accessed July 8, 2015); BBC News, "US Ebola Patient Thomas Duncan Dies in Hospital," October 8, 2014 (accessed July 8, 2015); BBC News, "Ebola: Spanish Nurse Teresa Romero 'Worsens,' " October 9, 2014 (accessed July 8, 2015); "2014 Ebola Outbreak in West Africa—Case

Counts," December 30, 2015, http://www.cdc.gov/vhf/ebola/outbreaks/2014-west-africa/case-counts.html (accessed February 17, 2016).

20. Elinor K. Karlsson, Dominic P. Kwiatkowski, and Pardis C. Sabeti, "Natural Selection and Infectious Disease in Human Populations," *Nature Reviews Genetics* 15 (2014): 379–93.

21. David Quammen, *Spillover: Animal Infections and the Next Human Pandemic* (New York: Norton, 2012).

22. Karlsson, Kwiatkowski, and Sabeti, "Natural Selection and Infectious Disease in Human Populations" ; Adrian V. S. Hill, "Evolution, Revolution and Heresy in the Genetics of Infectious Disease Susceptibility," *Philosophical Transactions of the Royal Society of London B: Biological Sciences* 367 (2012): 840–49.

23. Stephen S. Morse, Jonna A. K. Mazet, Mark Woolhouse, Colin R. Parrish, Dennis Carroll, William B. Karesh, Carlos Zambrana-Torrelio, et al., "Prediction and Prevention of the Next Pandemic Zoonosis," *Lancet* 380 (2012): 1956–65; Quammen, *Spillover*; United Nations, "The World Population Situation in 2014: A Concise Report," 2014 (accessed February 29, 2016).

24. Kamran Khan, Julien Arino, Wei Hu, Paulo Raposo, Jennifer Sears, Felipe Calderon, Christine Heidebrecht, et al., "Spread of a Novel Influenza A (H1N1) Virus via Global Airline Transportation," *New England Journal of Medicine* 361 (2009): 212–14.

25. Lorenzo Zaffiri, Jared Gardner, and Luis H. Toledo-Pereyra, "History of Antibiotics: From Salvarsan to Cephalosporins,"

Journal of Investigative Surgery 25 (2012): 67–77.

26. World Health Organization, "The Top 10 Causes of Death," fact sheet no. 310, May 2014 (accessed July 8, 2015); United Nations Population Fund, "Annual Report 2014," http://www.unfpa.org/annual-report (accessed July 8, 2015).

27. Carl Nathan and Otto Cars, "Antibiotic Resistance—Problems, Progress, and Prospects," *New England Journal of Medicine* 371 (2014): 1761–63; Glenn W. Kaatz, Susan M. Seo, Nancy J. Dorman, and Stephen A. Lerner, "Emergence of Teicoplanin Resistance During Therapy of *Staphylococcus aureus* Endocarditis," *Journal of Infectious Diseases* 162 (1990): 103–8.

第二章 大数据

1. 贝茨在南美洲待了11年，他对蝴蝶的观察带来了后来被称为"贝氏拟态"（Batesian mimicry）现象的发现。在贝氏拟态的情况下，一个无害的物种会模拟另一个危险物种。

   Peter Raby, *Alfred Russel Wallace: A Life* (Princeton: Princeton University Press, 2001).

2. David Quammen, *The Reluctant Mr. Darwin: An Intimate Portrait of Charles Darwin and the Making of His Theory of Evolution* (New York: Norton, 2007).

3. 摩尔定律（Moore's Law）指出，每隔12到18个月，计算机芯片上晶体管的密度就会翻一番，导致数字化存储信息的能力呈指数型增长。最初的想法是由电气工程师戈登·摩尔（Gordon Moore）提出的。

   Gordon E. Moore, "Cramming More Components onto Integrated

Circuits," *Electronics Magazine*, April 19, 1965, 4.

4. Zachary D. Stephens, Skylar Y. Lee, Faraz Faghri, Roy H. Campbell, Chengxiang Zhai, Miles J. Efron, Ravishankar Iyer, et al., "Big Data: Astronomical or Genomical?" *PLoS Biology* 13 (2015): e1002195.

5. 其中最古老的是"人类基因组多样性计划"（Human Genome Diversity Project），该项目始于1991年，包括来自全球51个群体的1,064个样本。

   Howard M. Cann, Claudia De Toma, Lucien Cazes, Marie-Fernande Legrand, Valerie Morel, Laurence Piouffre, Julia Bodmer, et al., "A Human Genome Diversity Cell Line Panel," *Science* 296 (2002): 261–62. The International HapMap Project began in 2002 and includes 1,184 samples from eleven populations. Richard A. Gibbs, John W. Belmont, Paul Hardenbol, Thomas D. Willis, Fuli Yu, Huanming Yang, Lan-Yang Ch' ang, et al., "The International HapMap Project," *Nature* 426 (2003): 789–96. The Genographic Project began in 2005 and includes some 500,000 samples from a range of different populations. Spencer Wells, *Deep Ancestry: Inside the Genographic Project* (Washington, D.C.: National Geographic Books, 2006). The 1,000 Genomes Project began in 2008 and has 2,500 samples from twenty-seven populations. 1000 Genomes Project Consortium, "A Map of Human Genome Variation from Population-Scale Sequencing," *Nature* 467 (2010): 1061–73.

6. 在全球范围内，许多类人猿物种确切的种群规模尚不清楚。但据估计，在过去的几十年里，黑猩猩的数量下降了约66%，目前仅有不足20万只野生黑猩猩。

Rebecca Kormos, Christophe Boesch, Mohamed I. Bakarr, and Thomas M. Butynski, *West African Chimpanzees: Status Survey and Conservation Action Plan* (Gland, Switzerland: International Union for Conservation of Nature and Natural Resources, 2003); Thomas M. Butynski, "Africa's Great Apes," in *Great Apes and Humans: The Ethics of Coexistence*, ed. Benjamin B. Beck, Tara S. Stoinski, Michael Hutchins, Terry L. Maple, and Bryan Norton (Washington, D.C.: Smithsonian Institution, 2001); Javier Prado-Martinez, Peter H. Sudmant, Jeffrey M. Kidd, Heng Li, Joanna L. Kelley, Belen Lorente-Galdos, Krishna R. Veeramah, et al., "Great Ape Genetic Diversity and Population History," *Nature* 499 (2013): 471–75.

7. 由国际自然保护联盟（International Union for the Conservation of Nature）决定 (http://www.iucnredlist.org/ [accessed January 11, 2016]); Geneviève Campbell, Hjalmar Kuehl, Paul N' Goran Kouamé, and Christophe Boesch, "Alarming Decline of West African Chimpanzees in Côte d' Ivoire," *Current Biology* 18 (2008): R903–4.

8. 美国人口普查局, "U.S. and World Population Clock," (accessed January 6, 2016); United Nations, "The World Population Situation in 2014: A Concise Report," 2014, http://www.un.org/en/development/desa/population/publications/trends/concise-report2014.shtml (accessed February 29, 2016); David Lam, "How the World Survived the Population Bomb: Lessons from 50 Years of Extraordinary Demographic History," *Demography*

48 (2011): 1231–62.

9. J. F. Crow, "Motoo Kimura, 13 November 1924–13 November 1994," *Biographical Memoirs of Fellows of the Royal Society* 43 (1996): 253–65.

10. Ibid.

11. Motoo Kimura, "Evolutionary Rate at the Molecular Level," *Nature* 217 (1968): 624–26.

12. Sewall Wright, "Evolution in Mendelian Populations," *Genetics* 16 (1931): 97–159.

13. Christopher A. Edmonds, Anita S. Lillie, and Luigi Luca Cavalli-Sforza, "Mutations Arising in the Wave Front of an Expanding Population," P*roceedings of the National Academy of Sciences of the United States of America* 101 (2004): 975–79; Seraina Klopfstein, Mathias Currat, and Laurent Excoffier, "The Fate of Mutations Surfing on the Wave of a Range Expansion," *Molecular Biology and Evolution* 23 (2006): 482–90.

14. Rasmus Nielsen, Ines Hellmann, Melissa Hubisz, Carlos Bustamante, and Andrew G. Clark, "Recent and Ongoing Selection in the Human Genome," *Nature Reviews Genetics* 8 (2007): 857–68.

15. Patrick D. Evans, Sandra L. Gilbert, Nitzan Mekel-Bobrov, Eric J. Vallender, Jeffrey R. Anderson, Leila M. Vaez-Azizi, Sarah A. Tishkoff, Richard R. Hudson, and Bruce T. Lahn, "Microcephalin, a Gene Regulating Brain Size, Continues to Evolve Adaptively in Humans," *Science* 309 (2005): 1717–20; Nitzan Mekel-Bobrov, Sandra L. Gilbert, Patrick D. Evans, Eric J. Vallender, Jeffrey

R. Anderson, Richard R. Hudson, Sarah A. Tishkoff, and Bruce T. Lahn, "Ongoing Adaptive Evolution of ASPM, a Brain Size Determinant in Homo sapiens," *Science* 309 (2005): 1720–22.

16. Mathias Currat, Laurent Excoffier, Wayne Maddison, Sarah P. Otto, Nicolas Ray, Michael C. Whitlock, and Sam Yeaman, "Comment on 'Ongoing Adaptive Evolution of *ASPM*, a Brain Size Determinant in *Homo sapiens*' and '*Microcephalin*, a Gene Regulating Brain Size, Continues to Evolve Adaptively in Humans,' " *Science* 313 (2006): 172a; Fuli Yu, R. Sean Hill, Stephen F. Schaffner, Pardis C. Sabeti, Eric T. Wang, Andre A. Mignault, Russell J. Ferland, et al., "Comment on 'Ongoing Adaptive Evolution of *ASPM*, a Brain Size Determinant in *Homo sapiens*,' " *Science* 316 (2007): 370b; Antonio Regalado, "Scientist's Study of Brain Genes Sparks a Backlash," Wall Street Journal, June 16, 2006; Nitzan Mekel-Bobrov, Danielle Posthuma, Sandra L. Gilbert, Penelope Lind, M. Florencia Gosso, Michelle Luciano, Sarah E. Harris, et al., "The Ongoing Adaptive Evolution of *ASPM* and Microcephalin Is Not Explained by Increased Intelligence," *Human Molecular Genetics* 16 (2007): 600–608; Nicholas Timpson, Jon Heron, George Davey Smith, and Wolfgang Enard, "Comment on Papers by Evans et al. and Mekel-Bobrov et al. on Evidence for Positive Selection of *MCPH1* and *ASPM*," *Science* 317 (2007): 1036.

17. Wolfgang Enard, Molly Przeworski, Simon E. Fisher, Cecilia S. Lai, Victor Wiebe, Takashi Kitano, Anthony P. Monaco, and Svante Pääbo, "Molecular Evolution of *FOXP2*, a Gene Involved

in Speech and Language," *Nature* 418 (2002): 869–72; Cécile Charrier, Kaumudi Joshi, Jaeda Coutinho-Budd, Ji-Eun Kim, Nelle Lambert, Jacqueline de Marchena, Wei-Lin Jin, et al., "Inhibition of SRGAP2 Function by Its Human-Specific Paralogs Induces Neoteny During Spine Maturation," *Cell* 149 (2012): 923–35; Yoichiro Shibata, Nathan C. Sheffield, Olivier Fedrigo, Courtney C. Babbitt, Matthew Wortham, Alok K. Tewari, Darin London, et al., "Extensive Evolutionary Changes in Regulatory Element Activity During Human Origins Are Associated with Altered Gene Expression and Positive Selection," *PLoS Genetics* 8 (2012): e1002789.

18. Nina G. Jablonski, *Living Color: The Biological and Social Meaning of Skin Color* (Berkeley: University of California Press, 2012); Nina G. Jablonski, *Skin: A Natural History* (Berkeley: University of California Press, 2013).

19. 关于人类体毛缺失的一个假设认为，这是为了使我们成为更好的长跑运动员而出现的一系列适应的一部分。演化生物学家丹·利伯曼（Dan Lieberman）认为，解剖学上的许多方面使我们有别于非人类的类人猿，尤其是我们直立的姿势及双腿行走（和奔跑）的能力，都证明我们的祖先依靠步行追逐猎物，并保持足够的速度来迫使动物继续移动。最终，他们的猎物会因身体过热而很容易被杀死。为了避免相同的命运，人类需要保持凉爽，因此倾向于在减少体毛的同时，增加覆盖体表的汗腺数量，使我们能在捕猎时流汗。

Daniel Lieberman, *The Story of the Human Body: Evolution, Health and Disease* (New York: Pantheon Books, 2013).

20. Nina G. Jablonski and George Chaplin, "The Evolution of Human Skin Coloration," *Journal of Human Evolution* 39 (2000): 57–106.

21. Rebecca L. Lamason, Manzoor-Ali P. K. Mohideen, Jason R. Mest, Andrew C. Wong, Heather L. Norton, Michele C. Aros, Michael J. Jurynec, et al., "*SLC24A5*, a Putative Cation Exchanger, Affects Pigmentation in Zebrafish and Humans," *Science* 310 (2005): 1782–86; Pardis C. Sabeti, Patrick Varilly, Ben Fry, Jason Lohmueller, Elizabeth Hostetter, Chris Cotsapas, Xiaohui Xie, et al., "Genome-Wide Detection and Characterization of Positive Selection in Human Populations," *Nature* 449 (2007): 913–18; Sharon R. Grossman, Ilya Shylakhter, Elinor K. Karlsson, Elizabeth H. Byrne, Shannon Morales, Gabriel Frieden, Elizabeth Hostetter, et al., "A Composite of Multiple Signals Distinguishes Causal Variants in Regions of Positive Selection," *Science* 327 (2010): 883–86.

22. Simon Conway Morris, *Life's Solution: Inevitable Humans in a Lonely Universe* (Cambridge: Cambridge University Press, 2003).

23. 根据美国癌症协会（American Cancer Society）的数据，每年有超过350万非黑色素瘤皮肤癌的新病例，其中仅在美国就有超过73,000例。臭氧层变薄可能导致世界上某些地区紫外线辐射增加，但是，限制使用氯氟化碳的行动使保护性臭氧层逐渐恢复。http://www.cancer.org/research/infographicgallery/skin-cancer-prevention?gclid=CNLqjZ-K48YCFQqIaQodalYHoA (accessed July 17, 2015); Richard L.

McKenzie, Pieter J. Aucamp, Alkiviades F. Bais, Lars Olof Björn, Mohamad Ilyas, and Sasha Madronich, "Ozone Depletion and Climate Change: Impacts on UV Radiation," *Photochemical & Photobiological Sciences* 10 (2011): 182–98.

24. 最近的这种趋势是众所周知的钟摆从一个不健康的极端荡到另一个极端的结果。在20世纪初，部分由于工业革命后的城市化和污染，维生素D缺乏症普遍出现在欧洲北部和北美地区。据估计，在这些地区，超过80%的儿童都表现出佝偻病的症状，直到人们发现晒太阳以及服用饮食补充剂可以起到有效的预防作用。佝偻病的困扰在很大程度上消失了，直到20世纪下半叶，对皮肤癌的畏惧和对维生素D补充剂的担忧才使钟摆再次回摆。

Michael F. Holick, "The Vitamin D Deficiency Pandemic: A Forgotten Hormone Important for Health," *Public Health Reviews* 32 (2010): 267–83; Michael F. Holick and Tai C. Chen, "Vitamin D Deficiency: A Worldwide Problem with Health Consequences," *American Journal of Clinical Nutrition* 87 (2008): 1080S–86S; Lois Y. Matsuoka, Lorraine Ide, Jacobo Wortsman, Julia A. Maclaughlin, and Michael F. Holick, "Sunscreens Suppress Cutaneous Vitamin D3 Synthesis," *Journal of Clinical Endocrinology & Metabolism* 64 (1987): 1165–68; Nicholas Bishop, "Rickets Today—Children Still Need Milk and Sunshine," *New England Journal of Medicine* 341 (1999): 602–4; Usha Ramakrishnan, "Prevalence of Micronutrient Malnutrition Worldwide," *Nutrition Reviews* 60 (2002): S46–52; Sun Eun Lee, Sameera A. Talegawkar, Mario Merialdi, and Laura E. Caulfield,

"Dietary Intakes of Women During Pregnancy in Low- and Middle-Income Countries," *Public Health Nutrition* 16 (2013): 1340–53.

25. 航空运输行动小组, "Aviation Benefits beyond Borders," April 2014, http://aviationbenefits.org/media/26786/ATAG__AviationBenefits2014_FULL_LowRes.pdf (accessed June 18, 2015); Michael O. Emerson, Jenifer Bratter, Junia Howell, P. Wilner Jeanty, and Mike Cline, "Houston Region Grows More Racially/Ethnically Diverse, with Small Declines in Segregation: A Joint Report Analyzing Census Data from 1990, 2000, and 2010," *Kinder Institute for Urban Research & Hobby Center for the Study of Texas*, 2012 (accessed February 17, 2016); United Nations Department of Economic and Social Affairs, Population Division, "Population Facts" no. 2013/2, September 2013, http://esa.un.org/unmigration/documents/The_number_of_international_migrants.pdf (accessed June 18, 2015).

26. Wendy Wang, "The Rise of Intermarriage," Pew Research Center, February 16, 2012 (accessed June 18, 2015); Pew Research Center, "Multiracial in America," June 11, 2015 (accessed June 18, 2015).

27. 在重力的作用下，我们呼吸的空气被保持在接近地球表面的地方。这意味着，离地球的中心越远，例如高海拔地区，重力就越弱，空气也就相应的越稀薄，氧气含量越低（无论海拔高低，空气中约21%是氧气）。

28. David Epstein, *The Sports Gene: Inside the Science of Extraordinary Athletic Performance* (New York: Current, 2013).

29. Ralph M. Garruto, Gary D. James, and Michael A. Little, "Paul Thornell Baker, 1927–2007: A Biographical Memoir," National Academy of Sciences, 2009, http://www.nasonline.org/publications/biographical-memoirs/memoir-pdfs/baker-paul-t.pdf (accessed February 17, 2016); Michael A. Little, R. Brooke Thomas, and Ralph M. Garruto, "A Half Century of High-Altitude Studies in Anthropology: Introduction to the Plenary Session," *American Journal of Human Biology* 25 (2013): 148–50.
30. Cynthia M. Beall, "Two Routes to Functional Adaptation: Tibetan and Andean High-Altitude Natives," *Proceedings of the National Academy of Sciences* 104 (2007): 8655–60.
31. Mark S. Aldenderfer, "Moving Up in the World: Archaeologists Seek to Understand How and When People Came to Occupy the Andean and Tibetan Plateaus," *American Scientist* 91 (2003): 542–50.
32. Cynthia M. Beall, Michael J. Decker, Gary M. Brittenham, Irving Kushner, Amha Gebremedhin, and Kingman P. Strohl, "An Ethiopian Pattern of Human Adaptation to High-Altitude Hypoxia," *Proceedings of the National Academy of Sciences* 99 (2002): 17215–18.
33. Xin Yi, Yu Liang, Emilia Huerta-Sánchez, Xin Jin, Zha Xi Ping Cuo, John E. Pool, et al., "Sequencing of 50 Human Exomes Reveals Adaptation to High Altitude," Science 329 (2010): 75–78; Tatum S. Simonson, Yingzhong Yang, Chad D. Huff, Haixia Yun, Ga Qin, David J. Witherspoon, Zhenzhong Bai, et

al., "Genetic Evidence for High-Altitude Adaptation in Tibet," Science 329 (2010): 72–75; Cynthia M. Beall, Gianpiero L. Cavalleri, Libin Deng, Robert C. Elston, Yang Gao, Jo Knight, Chaohua Li, et al., "Natural Selection on EPAS1 (HIF2 α) Associated with Low Hemoglobin Concentration in Tibetan Highlanders," *Proceedings of the National Academy of Sciences* 107 (2010): 11459–64.

34. Cynthia M. Beall, Kijoung Song, Robert C. Elston, and Melvyn C. Goldstein, "Higher Offspring Survival Among Tibetan Women with High Oxygen Saturation Genotypes Residing at 4,000 M.," *Proceedings of the National Academy of Sciences of the United States of America* 101 (2004): 14300–14304; Elizabeth A. Brown, Maryellen Ruvolo, and Pardis C. Sabeti, "Many Ways to Die, One Way to Arrive: How Selection Acts Through Pregnancy," *Trends in Genetics* 29 (2013): 585–92; World Health Organization, *World Health Report: Make Every Mother and Child Count*, 2005, http://www.who.int/whr/2005/whr2005_en.pdf?ua=1 (accessed February 17, 2016).

35. Choongwon Jeong, Gorka Alkorta-Aranburu, Buddha Basnyat, Maniraj Neupane, David B. Witonsky, Jonathan K. Pritchard, Cynthia M. Beall, and Anna Di Rienzo, "Admixture Facilitates Genetic Adaptations to High Altitude in Tibet," *Nature Communications* 5 (2014).

36. Augustine Kong, Michael L. Frigge, Gisli Masson, Soren Besenbacher, Patrick Sulem, Gisli Magnusson, Sigurjon A. Gudjonsson, et al., "Rate of De Novo Mutations and the

Importance of Father's Age to Disease Risk," *Nature* 488 (2012): 471–75; Alexey Kondrashov, "Genetics: The Rate of Human Mutation," *Nature* 488 (2012): 467–68; Jay Shendure and Joshua M. Akey, "The Origins, Determinants, and Consequences of Human Mutations," *Science* 349 (2015): 1478–83.

37. Iosif Lazaridis, Nick Patterson, Alissa Mittnik, Gabriel Renaud, Swapan Mallick, Karola Kirsanow, Peter H. Sudmant, et al., "Ancient Human Genomes Suggest Three Ancestral Populations for Present-Day Europeans," *Nature* 513 (2014): 409–13.

38. Richard E. Green, Johannes Krause, Adrian W. Briggs, Tomislav Maricic, Udo Stenzel, Martin Kircher, Nick Patterson, et al., "A Draft Sequence of the Neandertal Genome," Science 328 (2010): 710–22; Kay Prüfer, Fernando Racimo, Nick Patterson, Flora Jay, Sriram Sankararaman, Susanna Sawyer, Anja Heinze, et al., "The Complete Genome Sequence of a Neanderthal from the Altai Mountains," *Nature* 505 (2014): 43–49; Qiaomei Fu, Mateja Hajdinjak, Oana Teodora Moldovan, Silviu Constantin, Swapan Mallick, Pontus Skoglund, Nick Patterson, et al., "An Early Modern Human from Romania with a Recent Neanderthal Ancestor," *Nature* 524 (2015): 216–19; Svante Pääbo, *Neanderthal Man: In Search of Lost Genomes* (New York: Basic Books, 2014).

39. Svante Pääbo, "The Diverse Origins of the Human Gene Pool," *Nature Reviews Genetics* 16 (2015): 313–14.

40. Emilia Huerta-Sánchez, Xin Jin, Zhuoma Bianba, Benjamin M. Peter, Nicolas Vinckenbosch, Yu Liang, Xin Yi, et al. "Altitude

Adaptation in Tibetans Caused by Introgression of Denisovan-like DNA," *Nature* 512 (2014): 194–97.

41. Peter J. Richerson and Robert Boyd, *Not by Genes Alone: How Culture Transformed Human Evolution* (Chicago: University of Chicago Press, 2008).

42. Yuval Itan, Bryony L. Jones, Catherine J. E. Ingram, Dallas M. Swallow, and Mark G. Thomas, "A Worldwide Correlation of Lactase Persistence Phenotype and Genotypes," *BMC Evolutionary Biology* 10 (2010): 36.

43. Todd Bersaglieri, Pardis C. Sabeti, Nick Patterson, Trisha Vanderploeg, Steve F. Schaffner, Jared A. Drake, Matthew Rhodes, et al., "Genetic Signatures of Strong Recent Positive Selection at the Lactase Gene," *American Journal of Human Genetics* 74 (2004): 1111–20; Robert D. McCracken, "Lactase Deficiency: An Example of Dietary Evolution," *Current Anthropology* 12 (1971): 479–517; Luigi Luca Cavalli-Sforza, "Analytic Review: Some Current Problems of Human Population Genetics," *American Journal of Human Genetics* 25 (1973): 82; Yangxi Wang, Clare B. Harvay, Wandy S. Pratt, Virginia Sams, Martin Sarner, Mauro Rossi, Salvatore Auricchio, and Dallas M. Swallow, "The Lactase Persistence/Non-persistence Polymorphism Is Controlled by a Cis-Acting Element," *Human Molecular Genetics* 4 (1995): 657–62; Edward J. Hollox, Mark Poulter, Marek Zvarik, Vladimir Ferak, Amanda Krause, Trefor Jenkins, Nilmani Saha, et al., "Lactase Haplotype Diversity in the Old World," *American Journal of Human Genetics* 68 (2001):

160–72; M. Poulter, E. Hollox, C. B. Harvey, C. Mulcare, Katri Peuhkuri, Kajsa Kajander, M. Sarner, Riitta Korpela, and D. M. Swallow, "The Causal Element for the Lactase Persistence/Non-persistence Polymorphism Is Located in a 1 Mb Region of Linkage Disequilibrium in Europeans," *Annals of Human Genetics* 67 (2003): 298–311; Iain Mathieson, Iosif Lazaridis, Nadin Rohland, Swapan Mallick, Nick Patterson, Songül Alpaslan Roodenberg, Eadaoin Harney, et al., "Genome-Wide Patterns of Selection in 230 Ancient Eurasians," *Nature* 528 (2015): 499–503; Sarah A. Tishkoff, Floyd A. Reed, Alessia Ranciaro, Benjamin F. Voight, Courtney C. Babbitt, Jesse S. Silverman, Kweli Powell, et al., "Convergent Adaptation of Human Lactase Persistence in Africa and Europe," *Nature Genetics* 39 (2007): 31–40.

44. George H. Perry, Nathaniel J. Dominy, Katrina G. Claw, Arthur S. Lee, Heike Fiegler, Richard Redon, John Werner, et al., "Diet and the Evolution of Human Amylase Gene Copy Number Variation," *Nature Genetics* 39 (2007): 1256–60; Dorian Q. Fuller, Ling Qin, Yunfei Zheng, Zhijun Zhao, Xugao Chen, Leo Aoi Hosoya, and Guo-Ping Sun, "The Domestication Process and Domestication Rate in Rice: Spikelet Bases from the Lower Yangtze," *Science* 323 (2009): 1607–10.

45. Barry M. Popkin, Linda S. Adair, and Shu Wen Ng, "Global Nutrition Transition and the Pandemic of Obesity in Developing Countries," *Nutrition Reviews* 70 (2012): 3–21; Vasanti S. Malik, Walter C. Willett, and Frank B. Hu, "Global Obesity: Trends, Risk

Factors and Policy Implications," *Nature Reviews Endocrinology* 9 (2013): 13–27; David Tilman and Michael Clark, "Global Diets Link Environmental Sustainability and Human Health," *Nature* 515 (2014): 518–22; World Health Organization, "The Top 10 Causes of Death," fact sheet no. 310, May 2014 (accessed July 8, 2015).

第三章 转变中的世界

1. Emmanuel Milot, Francine M. Mayer, Daniel H. Nussey, Mireille Boisvert, Fanie Pelletier, and Denis Réale, "Evidence for Evolution in Response to Natural Selection in a Contemporary Human Population," *Proceedings of the National Academy of Sciences* 108 (2011): 17040–45.
2. Luigi Luca Cavalli-Sforza, Antonio Moroni, and Gianna Zei, *Consanguinity, Inbreeding, and Genetic Drift in Italy* (Princeton: Princeton University Press, 2013); Jenni E. Pettay, Loeske E. B. Kruuk, Jukka Jokela, and Virpi Lummaa, "Heritability and Genetic Constraints of Life-History Trait Evolution in Preindustrial Humans," *Proceedings of the National Academy of Sciences of the United States of America* 102 (2005): 2838–43; Jenni E. Pettay, Samuli Helle, Jukka Jokela, and Virpi Lummaa, "Natural Selection on Female Life-History Traits in Relation to Socio-economic Class in Pre-industrial Human Populations," *PLoS ONE* 2 (2007): e606.
3. Jarrod D. Hadfield, Alastair J. Wilson, Dany Garant, Ben C. Sheldon, and Loeske E. B. Kruuk, "The Misuse of BLUP in

Ecology and Evolution," *American Naturalist* 175 (2010): 116–25; Jarrod D. Hadfield, "MCMC Methods for Multi-response Generalized Linear Mixed Models: The MCMCglmm R Package," *Journal of Statistical Software* 33 (2010): 1–22.

4. Alexis Mailloux, *Histoire de L'ile-aux-Coudres, depuis son etablissement jusqu'a nos jours, avec ses traditions, ses legendes, ses coutumes* (Montreal: Burland-Desbarats,1879).
5. Michel Brault and Pierre Perrault, *Pour la suite du monde* (Montreal: Office National du Film du Canada, 1964).
6. Tourisme Isle-aux-Coudres, http://beta.tourismeisleauxcoudres.com/ (accessed August 31, 2015).
7. 在美国，女性首次成为母亲的年龄从1970年的21.4岁，变为2006年的25岁。

   T. J. Matthews and B. E. Hamilton, "Delayed Childbearing: More Women Are Having Their First Child Later in Life," *NCHS Data Brief* 21 (2009): 1–8.
8. Paul Demeny, "Early Fertility Decline in Austria-Hungary: A Lesson in Demographic Transition," *Daedalus* (1968): 502–22; Population Reference Bureau, 2014 *World Population Data Sheet*, 2014, http://www.prb.org/Publications/Datasheets/2014/2014-world-population-data-sheet/data-sheet.aspx (accessed August 15, 2015); Oded Galor, "The Demographic Transition: Causes and Consequences," *Cliometrica* 6 (2012): 1–28; Mary K. Shenk, Mary C. Towner, Howard C. Kress, and Nurul Alam, "A Model Comparison Approach Shows Stronger Support for Economic Models of Fertility Decline," *Proceedings of the National*

Academy of Sciences 110 (2013): 8045–50.

9. Jacob A. Moorad, "A Demographic Transition Altered the Strength of Selection for Fitness and Age-Specific Survival and Fertility in a 19th Century American Population," *Evolution* 67 (2013): 1622–34.

10. Alexandre Courtiol, Ian J. Rickard, Virpi Lummaa, Andrew M. Prentice, Anthony J. C. Fulford, and Stephen C. Stearns, "The Demographic Transition Influences Variance in Fitness and Selection on Height and BMI in Rural Gambia," *Current Biology* 23 (2013): 884–89.

11. Sean G. Byars, Douglas Ewbank, Diddahally R. Govindaraju, and Stephen C. Stearns, "Natural Selection in a Contemporary Human Population," *Proceedings of the National Academy of Sciences* 107 (2010): 1787–92.

12. Stephen C. Stearns, Sean G. Byars, Diddahally R. Govindaraju, and Douglas Ewbank, "Measuring Selection in Contemporary Human Populations," *Nature Reviews Genetics* 11 (2010): 611–22.

13. Organisation for Economic Co-operation and Development, *Doing Better for Families* (Paris: OECD, 2011); Gretchen Livingston, "For Most Highly Educated Women, Mother hood Doesn' t Start Until the 30s," *Pew Research Center*, 2015 (accessed August 15, 2015).

14. 其他哺乳动物中，唯一被认为有绝经期的是虎鲸。Lauren J. N. Brent, Daniel W. Franks, Emma A. Foster, Kenneth C. Balcomb, Michael A. Cant, and Darren P. Croft, "Ecological

Knowledge, Leadership, and the Evolution of Menopause in Killer Whales," *Current Biology* 25 (2015): 746–50.

15. George C. Williams, "Pleiotropy, Natural Selection, and the Evolution of Senescence," *Evolution* (1957): 398–411.

16. Kristen Hawkes, James F. O' Connell, and Nicholas G. Blurton Jones, "Hadza Women's Time Allocation, Offspring Provisioning, and the Evolution of Long Postmenopausal Life Spans," *Current Anthropology* 38 (1997): 551–77.

17. Peter S. Kim, John S. McQueen, James E. Coxworth, and Kristen Hawkes, "Grandmothering Drives the Evolution of Longevity in a Probabilistic Model," *Journal of Theoretical Biology* 353 (2014): 84–94.

18. Brian Hare, Victoria Wobber, and Richard Wrangham, "The Self-Domestication Hypothesis: Evolution of Bonobo Psychology Is Due to Selection Against Aggression," *Animal Behaviour* 83 (2012): 573–85; Stephen C. Stearns and Ruslan Medzhitov, *Evolutionary Medicine* (Sunderland, Mass.: Sinauer Associates, 2016).

19. Richard Allan Fry and Jeffrey S. Passel, *In Post-recession Era, Young Adults Drive Continuing Rise in Multi-generational Living* (Washington, D.C.: Pew Research Center, Social & Demographic Trends Project, 2014); Janneke Oppelaar and Pearl Dykstra, "Contacts Between Grandparents and Grandchildren," *Netherlands Journal of Social Sciences* 40 (2004): 91–113; Peter Uhlenberg and Bradley G. Hammill, "Frequency of Grandparent Contact with Grandchild Sets: Six Factors That Make a

Difference," Gerontologist 38 (1998): 276–85; D' Vera Cohn and Rich Morin, *Who Moves? Who Stays Put? Where's Home?* (Washington, D.C.: Pew Research Center, Social & Demographic Trends, 2008).

20. Julia Dratva, Francisco Gómez Real, Christian Schindler, Ursula Ackermann-Liebrich, Margaret W. Gerbase, Nicole M. Probst-Hensch, Cecilie Svanes, et al., "Is Age at Menopause Increasing Across Europe? Results on Age at Menopause and Determinants from Two Population-Based Studies," *Menopause* 16 (2009): 385–94; Maria Enrica Danubio and Emanuele Sanna, "Secular Changes in Human Biological Variables in Western Countries: An Updated Review and Synthesis," Journal of Anthropological Sciences 86 (2008): 91–112; Joyce A. Martin, Brady E. Hamilton, Stephanie J. Ventura, Michelle J. K. Osterman, Elizabeth C. Wilson, and T. J. Mathews, "Births: Final Data for 2010," *National Vital Statistics Reports* 61 (2012): 1–72.

21. 国家统计局, *Babies Born in England and Wales Had a Father with an Average Age of 32.6 in 2011*, June 12, 2013 (accessed August 16, 2015); Augustine Kong, Michael L. Frigge, Gisli Masson, Soren Besenbacher, Patrick Sulem, Gisli Magnusson, Sigurjon A. Gudjonsson, et al., "Rate of De Novo Mutations and the Importance of Father's Age to Disease Risk," *Nature* 488 (2012): 471–75; Jay Shendure and Joshua M. Akey, "The Origins, Determinants, and Consequences of Human Mutations," *Science* 349 (2015): 1478–83.

第四章 性

1. United Nations, *World Mortality Report 2013*, http://www.un.org/en/development/desa/population/publications/pdf/mortality/WMR2013/World_Mortality_2013_Report.pdf (accessed June 25, 2015).
2. Charles R. Darwin, *The Descent of Man and Selection in Relation to Sex* (London: John Murray, 1871).
3. Malte B. Andersson, *Sexual Selection* (Princeton: Princeton University Press, 1994); Susan E. Johnston, Jacob Gratten, Camillo Berenos, Jill G. Pilkington, Tim H. Clutton-Brock, Josephine M. Pemberton, and Jon Slate, "Life History Trade-offs at a Single Locus Maintain Sexually Selected Genetic Variation," *Nature* 502 (2013): 93–95.
4. Adeline Loyau, Doris Gomez, Benoît Moureau, Marc Théry, Nathan S. Hart, Michel Saint Jalme, Andrew T. D. Bennett, and Gabriele Sorci, "Iridescent Structurally Based Coloration of Eyespots Correlates with Mating Success in the Peacock," *Behavioral Ecology* 18 (2007): 1123–31; Roslyn Dakin and Robert Montgomerie, "Eye for an Eyespot: How Iridescent Plumage Ocelli Influence Peacock Mating Success," *Behavioral Ecology* 24 (2013): 1048–57.
5. Amotz Zahavi and Avishag Zahavi, *The Handicap Principle: A Missing Piece of Darwin's Puzzle* (Oxford: Oxford University Press, 1997).
6. Michael J. Ryan and Mónica A. Guerra, "The Mechanism of Sound Production in Túngara Frogs and Its Role in Sexual

Selection and Speciation," *Current Opinion in Neurobiology* 28 (2014): 54–59; Karin L. Akre and Michael J. Ryan, "Female Túngara Frogs Elicit More Complex Mating Signals from Males," *Behavioral Ecology* 22 (2011): 846–53.

7. Geoffrey Miller, "How to Keep Our Metatheories Adaptive: Beyond Cosmides, Tooby, and Lakatos," *Psychological Inquiry* (2000): 42–46; David M. Buss, ed., *The Handbook of Evolutionary Psychology* (Hoboken: Wiley, 2005).
8. Francis Galton, "Composite Portraits Made by Combining Those of Many Different Persons into a Single Resultant Figure," *Journal of the Anthropological Institute of Great Britain and Ireland* (1879): 132–44.
9. Karl Grammer and Randy Thornhill, "Human (*Homo sapiens*) Facial Attractiveness and Sexual Selection: The Role of Symmetry and Averageness," *Journal of Comparative Psychology* 108 (1994): 233–42.
10. David I. Perrett, D. Michael Burt, Ian S. Penton-Voak, Kieran J. Lee, Duncan A. Rowland, and Rachel Edwards, "Symmetry and Human Facial Attractiveness," *Evolution and Human Behavior* 20 (1999): 295–307.
11. Randy Thornhill and Steve W. Gangestad, "The Evolution of Human Sexuality," *Trends in Ecology & Evolution* 11 (1996): 98–102; Randy Thornhill and Steven W. Gangestad, "The Scent of Symmetry: A Human Sex Pheromone That Signals Fitness?" *Evolution and Human Behavior* 20 (1999): 175–201.
12. Michael Lynn and Barbara A. Shurgot, "Responses to

Lonely Hearts Advertisements: Effects of Reported Physical Attractiveness, Physique, and Coloration," *Personality and Social Psychology Bulletin* 10 (1984): 349–57; George Yancey and Michael O. Emerson, "Does Height Matter? An Examination of Height Preferences in Romantic Coupling," *Journal of Family Issues* (2014): 1–21.

13. U.S. Department of Health and Human Services, *Anthropometric Reference Data for Children and Adults: United States, 2007–2010*, http://www.cdc.gov/nchs/data/series/sr_11/sr11_252.pdf (accessed June 17, 2015).

14. Graz ˙yna Jasien´ska, Anna Ziomkiewicz, Peter T. Ellison, Susan F. Lipson, and Inger Thune, "Large Breasts and Narrow Waists Indicate High Reproductive Potential in Women," *Proceedings of the Royal Society London B: Biological Sciences* 271 (2004): 1213–17.

15. Marco Antonio Ayala García, Beatriz González Yebra, Andrea Liliana López Flores, and Eduardo Guaní Guerra, "The Major Histocompatibility Complex in Transplantation," *Journal of Transplantation* 2012 (2012): 1–7.

16. Claus Wedekind, Thomas Seebeck, Florence Bettens, and Alexander J. Paepke, "MHC-Dependent Mate Preferences in Humans," *Proceedings of the Royal Society of London B: Biological Sciences* 260 (1995): 245–49.

17. Jan Havlicek and S. Craig Roberts, "MHC-Correlated Mate Choice in Humans: A Review," *Psychoneuroendocrinology* 34 (2009): 497–512.

18. Markus Jokela, "Physical Attractiveness and Reproductive Success in Humans: Evidence from the Late 20th Century United States," *Evolution and Human Behavior* 30 (2009): 342–50.

19. Boguslaw Pawlowski, R. I. M. Dunbar, and A. Lipowicz, "Evolutionary Fitness: Tall Men Have More Reproductive Success," *Nature* 403 (2000): 156; Ulrich Mueller and Allan Mazur, "Evidence of Unconstrained Directional Selection for Male Tallness," *Behavioral Ecology and Sociobiology* 50 (2001): 302–11.

20. S. Craig Roberts, Kelly D. Kobey, Katerina Klapilova, and Jan Havlicek, "Oral Contraception and Romantic Relationships–From the Lab to the Real World," *Human Ethology Bulletin* 29 (2014): 4–13; Alexandra Alvergne and Virpi Lummaa, "Does the Contraceptive Pill Alter Mate Choice in Humans?" *Trends in Ecology & Evolution* 25 (2010): 171–79; S. Roberts, L. Craig, Morris Gosling, Vaughan Carter, and Marion Petrie, "MHC-Correlated Odour Preferences in Humans and the Use of Oral Contraceptives," *Proceedings of the Royal Society of London B: Biological Sciences* 275 (2008): 2715–22; S. Roberts, L. Craig, Kater ˇina Klapilová, Anthony C. Little, Robert P. Burriss, Benedict C. Jones, Lisa M. DeBruine, Marion Petrie, and Jan Havlíc ˇek, "Relationship Satisfaction and Outcome in Women Who Meet Their Partner While Using Oral Contraception," *Proceedings of the Royal Society of London B: Biological Sciences* 279 (2012): 1430–36.

21. Sophie Christin-Maitre, "History of Oral Contraceptive Drugs

and Their Use Worldwide," *Best Practice & Research Clinical Endocrinology & Metabolism* 27 (2013): 3–12; William D. Mosher and Jo Jones, "Use of Contraception in the United States: 1982–2008," *Vital and Health Statistics* 29 (2010): 1–44; World Health Organization, *Family Planning/Contraception*, fact sheet no. 351, http://www.who.int/mediacentre/factsheets/fs351/en/ (accessed June 16, 2015).

22. Pew Research Center, Online Dating & Relationships October 21, 2013 (accessed June 17, 2015).

23. Catalina L. Toma, Jeffrey T. Hancock, and Nicole B. Ellison, "Separating Fact from Fiction: An Examination of Deceptive Self-Presentation in Online Dating Profiles," *Personality and Social Psychology Bulletin* 34 (2008): 1023–36; Jeffrey T. Hancock and Catalina L. Toma, "Putting Your Best Face Forward: The Accuracy of Online Dating Photographs," *Journal of Communication* 59 (2009): 367–86.

24. Geoffrey A. Parker, "Sperm Competition and Its Evolutionary Consequences in the Insects," *Biological Reviews* 45 (1970): 525–67; Geoffrey A. Parker, "Sperm Competition and Its Evolutionary Effect on Copula Duration in the Fly *Scatophaga stercoraria*," *Journal of Insect Physiology* 16 (1970): 1301–28.

25. Robin Baker, foreword to *The Evolution of Sexuality*, ed. Todd K. Shackelford and Ranald D. Hansen (Berlin: Springer, 2015).

26. Robin Baker, *Sperm Wars* (New York: Basic Books, 1996).

27. Robin R. Baker and Mark A. Bellis, *Human Sperm Competition: Copulation, Masturbation, and Infidelity* (London: Chapman &

Hall, 1995).

28. Tim Birkhead, "Sperm, Sperm, Sperm, Sperm," *New Scientist* 2017 (1996): 42.

29. M. N. Pham, T. K. Shackelford, Y. Sela, and L. L. Welling, "Is Cunnilingus-Assisted Orgasm a Male Sperm-Retention Strategy?" *Evolutionary Psychology: An International Journal of Evolutionary Approaches to Psychology and Behavior* 11 (2012): 405–14.

30. Martin Voracek, Tanja Haubner, and Maryanne L. Fisher, "Recent Decline in Nonpaternity Rates: A Cross-Temporal Meta-analysis," *Psychological Reports* 103 (2008): 799–811; M. N. Pham and T. K. Shackelford, "Human Sperm Competition: A Comparative Evolutionary Analysis," *Animal Behavior and Cognition* 1 (2014): 410–22; Montserrat Gomendio, Alexander H. Harcourt, and Eduardo R. S. Roldán, "Sperm Competition in Mammals," in *Sperm Competition and Sexual Selection*, ed. Tim R. Birkhead and Anders Pape Møller (Cambridge: Academic, 1998).

31. Michael Joffe, "What Has Happened to Human Fertility?" *Human Reproduction* 25 (2010): 295–307; Elizabeth Hervey Stephen and Anjani Chandra, "Declining Estimates of Infertility in the United States: 1982–2002," *Fertility and Sterility* 86 (2006): 516–23; Thomas H. Scheike, Lars Rylander, Lisbeth Carstensen, Niels Keiding, Tina Kold Jensen, Ulf Stromberg, Michael Joffe, and Olof Akre, "Time Trends in Human Fecundability in Sweden," *Epidemiology* 19 (2008): 191–96.

32. Shanna H. Swan, Eric P. Elkin, and Laura Fenster, "The Question of Declining Sperm Density Revisited: An Analysis of 101 Studies Published 1934–1996," *Environmental Health Perspectives* 108 (2000): 961; Richard M. Sharpe, "Sperm Counts and Fertility in Men: A Rocky Road Ahead," *EMBO Reports* 13 (2012): 398–403.
33. R. John Aitken and Jennifer A. Marshall Graves, "Human Spermatozoa: The Future of Sex," *Nature* 415 (2002): 963; Jennifer A. Marshall Graves, "Sex Chromosome Specialization and Degeneration in Mammals," *Cell* 124 (2006): 901–14.
34. Doris Bachtrog, "Y-Chromosome Evolution: Emerging Insights into Processes of Y-Chromosome Degeneration," *Nature Reviews Genetics* 14 (2013): 113–24.
35. Saswati Sunderam, Dmitry M. Kissin, Sara B. Crawford, Suzanne G. Folger, Denise J. Jamieson, and Wanda D. Barfield, "Assisted Reproductive Technology Surveillance—United States, 2011," *Morbidity and Mortality Weekly Report Surveillance Summary* 63 (2014): 1–28; Esme I. Kamphuis, S. Bhattacharya, F. Van Der Veen, B. W. J. Mol, and A. Templeton, "Are We Overusing IVF?" *BMJ* 348 (2014): 15–17.
36. Joyce A. Martin, Brady E. Hamilton, and Michelle J. K. Osterman, "Births in the United States, 2013," *NCHS Data Brief* 175 (2014): 1–8; Brady E. Hamilton, Joyce A. Martin, Michelle J. K. Osterman, and Sally C. Curtin, "Births: Preliminary Data for 2014," *National Vital Statistics Reports* 64 (2015): 1–19.
37. Sunderam et al., "Assisted Reproductive Technology

Surveillance."

38. Yue-hong Lu, Ning Wang, and Fan Jin, "Long-Term Follow-up of Children Conceived Through Assisted Reproductive Technology," *Journal of Zhejiang University Science B* 14 (2013): 359–71.

39. Mark Jefferies and Emma Pietras, "Dolce and Gabbana IVF Row: Sister of World's First IVF Baby Hits out at Their Controversial Comments," *Mirror* March 15, 2015, http://www.mirror.co.uk/3am/celebrity-news/dolce-gabbana-ivf-row-sister-5341027 (accessed June 23, 2015).

40. Robin Baker, *Sex in the Future: Ancient Urges Meet Future Technology* (London: Macmillan, 1999).

41. 奥尔德斯·赫胥黎是著名演化生物学家朱利安·赫胥黎（Julian Huxley，在他的诸多成就中，包括创建了我现在任教员的生物学系。）的兄弟，也是演化论者托马斯·亨利·赫胥黎（Thomas Henry Huxley）的孙子，后者因其为自然选择的热情辩护而被称为“达尔文的斗牛犬”。

    John Burdon Sanderson Haldane, *Daedalus; or, Science and the Future* (New York: E. P. Dutton, 1924); Aldous Huxley, *Brave New World* (London: Chatto & Windus, 1932).

42. Marcia C. Inhorn and Pasquale Patrizio, "Infertility Around the Globe: New Thinking on Gender, Reproductive Technologies and Global Movements in the 21st Century," Human Reproduction Update 21 (2015): 411–26; Luis Bahamondes and Maria Y. Makuch, "Infertility Care and the Introduction of New Reproductive Technologies in Poor Resource Settings,"

Reproductive Biology and Endocrinology 12 (2014): 87.

第五章 小伙伴

1. Rob DeSalle and Susan L. Perkins, *Welcome to the Microbiome: Getting to Know the Trillions of Bacteria and Other Microbes in, on, and Around You* (New Haven: Yale University Press, 2015); Martin J. Blaser, *Missing Microbes: How the Overuse of Antibiotics Is Fueling Our Modern Plagues* (London: Macmillan, 2014).
2. Bert Hölldobler and Edward O. Wilson, *The Leafcutter Ants: Civilization by Instinct* (New York: Norton, 2010).
3. Cameron R. Currie, Ulrich G. Mueller, and David Malloch, "The Agricultural Pathology of Ant Fungus Gardens," *Proceedings of the National Academy of Sciences* 96 (1999): 7998–8002.
4. Cameron R. Currie, James A. Scott, Richard C. Summerbell, and David Malloch, "Fun-gus-Growing Ants Use Antibiotic-Producing Bacteria to Control Garden Parasites," *Nature* 398 (1999): 701–4.
5. Cameron R. Currie, Bess Wong, Alison E. Stuart, Ted R. Schultz, Stephen A. Rehner, Ulrich G. Mueller, Gi-Ho Sung, et al., "Ancient Tripartite Coevolution in the Attine Ant-Microbe Symbiosis," *Science* 299 (2003): 386–88.
6. Nancy A. Moran and Paul Baumann, "Bacterial Endosymbionts in Animals," *Current Opinion in Microbiology* 3 (2000): 270–75; Margaret J. McFall-Ngai, "Unseen Forces: The Influence of Bacteria on Animal Development," *Developmental Biology* 242

(2002): 1–14.

7. 一些研究员以“微生物组”这一术语专指与特定宿主相关的微生物的集体基因组，在谈及微生物物种时，则更倾向于使用术语“微生物群落”。我遵循美国国立卫生研究院（U.S. National Institutes of Health）使用的术语，将人类微生物组描述为“与人体相关的所有微生物的集合”。

NIH Human Microbiome Project, T*he Human Microbiome* (accessed January 7, 2016).

8. 截至2014年，作为一直以来争论的焦点，人类基因组中已知基因的数量为23,532个。

Mark Jobling, Edward Hollox, Matthew Hurles, Toomas Kivisild, and Chris Tyler-Smith, *Human Evolutionary Genetics*, 2nd ed. (New York: Garland Science, 2013); Julian Davies, “In a Map for Human Life, Count the Microbes, Too,” *Science* 291 (2001): 2316; Joshua Lederberg and Alexa McCray, “The Scientist: ’Ome Sweet ’Omics—A Genealogical Treasury of Words,” *Scientist* 17 (2001): 8.

9. Carl R. Woese, “Bacterial Evolution,” *Microbiological Reviews* 51 (1987): 221.

10. Lora V. Hooper and Jeffrey I. Gordon, “Commensal Host-Bacterial Relationships in the Gut,” *Science* 292 (2001): 1115–18; Jane Peterson, Susan Garges, Maria Giovanni, Pamela McInnes, Lu Wang, Jeffery A. Schloss, Vivien Bonazzi, et al., “The NIH Human Microbiome Project,” *Genome Research* 19 (2009): 2317–23.

11. 人类微生物组项目联盟，“Structure, Function and Diversity of

the Healthy Human Microbiome," *Nature* 486 (2012): 207–14.

12. Lawrence A. David, Corinne F. Maurice, Rachel N. Carmody, David B. Gootenberg, Julie E. Button, Benjamin E. Wolfe, Alisha V. Ling, et al., "Diet Rapidly and Reproducibly Alters the Human Gut Microbiome," *Nature* 505 (2014): 559–63; Gary D. Wu, Jun Chen, Christian Hoffmann, Kyle Bittinger, Ying-Yu Chen, Sue A. Keilbaugh, Meenakshi Bewtra, et al., "Linking Long-Term Dietary Patterns with Gut Microbial Enterotypes," *Science* 334 (2011): 105–8; Julia K. Goodrich, Jillian L. Waters, Angela C. Poole, Jessica L. Sutter, Omry Koren, Ran Blekhman, Michelle Beaumont, et al., "Human Genetics Shape the Gut Microbiome," *Cell* 159 (2014): 789–99.

13. Andrew H. Moeller, Patrick H. Degnan, Anne E. Pusey, Michael L. Wilson, Beatrice H. Hahn, and Howard Ochman, "Chimpanzees and Humans Harbour Compositionally Similar Gut Enterotypes," *Nature Communications* 3 (2012): 1179; Andrew H. Moeller, Yingying Li, Eitel Mpoudi Ngole, Steve Ahuka-Mundeke, Elizabeth V. Lonsdorf, Anne E. Pusey, Martine Peeters, Beatrice H. Hahn, and Howard Ochman, "Rapid Changes in the Gut Microbiome During Human Evolution," *Proceedings of the National Academy of Sciences* 111 (2014): 16431–35; Howard Ochman, Michael Worobey, Chih-Horng Kuo, Jean-Bosco N. Ndjango, Martine Peeters, Beatrice H. Hahn, and Philip Hugenholtz, "Evolutionary Relationships of Wild Hominids Recapitulated by Gut Microbial Communities," *PLoS Biology* 8 (2010): e1000546.

14. 尽管村民们从未与非亚诺马米人有直接交流，但一些衣服、工具和其他物品表明，他们曾与其他接触到外界的亚诺马米人群体进行交易。

Jose C. Clemente, Erica C. Pehrsson, Martin J. Blaser, Kuldip Sandhu, Zhan Gao, Bin Wang, Magda Magris, et al., "The Microbiome of Uncontacted Amerindians," *Science Advances* 1 (2015): e1500183.

15. Jose C. Clemente, Erica C. Pehrsson, Martin J. Blaser, Kuldip Sandhu, Zhan Gao, Bin Wang, Magda Magris, et al., "The Microbiome of Uncontacted Amerindians," *Science Advances* 1 (2015): e1500183; Stephanie L. Schnorr, Marco Candela, Simone Rampelli, Manuela Centanni, Clarissa Consolandi, Giulia Basaglia, Silvia Turroni, et al., "Gut Microbiome of the Hadza Hunter-Gatherers," *Nature Communications* 5 (2014): 1–12; Carlotta De Filippo, Duccio Cavalieri, Monica Di Paola, Matteo Ramazzotti, Jean Baptiste Poullet, Sebastien Massart, Silvia Collini, Giuseppe Pieraccini, and Paolo Lionetti, "Impact of Diet in Shaping Gut Microbiota Revealed by a Comparative Study in Children from Europe and Rural Africa," *Proceedings of the National Academy of Sciences* 107 (2010): 14691–96.

16. Patricia Balvanera, Andrea B. Pfisterer, Nina Buchmann, Jing-Shen He, Tohru Nakashizuka, David Raffaelli, and Bernhard Schmid, "Quantifying the Evidence for Biodiversity Effects on Ecosystem Functioning and Services," *Ecology Letters* 9 (2006): 1146–56; Brajesh K. Singh, Christopher Quince, Catriona A. Macdonald, Amit Khachane, Nadine Thomas, Waleed Abu Al-

Soud, Søren J. Sørensen, et al., "Loss of Microbial Diversity in Soils Is Coincident with Reductions in Some Specialized Functions," *Environmental Microbiology* 16 (2014): 2408–20.

17. Alexandra J. Obregon-Tito, Raul Y. Tito, Jessica Metcalf, Krithivasan Sankaranarayanan, Jose C. Clemente, Luke K. Ursell, Zhenjiang Zech Xu, et al., "Subsistence Strategies in Traditional Societies Distinguish Gut Microbiomes," *Nature Communications* 6 (2015): 1–9.
18. Svante Pääbo, *Neanderthal Man: In Search of Lost Genomes* (New York: Basic Books, 2014).
19. Christina Warinner, Camilla Speller, Matthew J. Collins, and Cecil M. Lewis, "Ancient Human Microbiomes," *Journal of Human Evolution* 79 (2015): 125–36.
20. Christina J. Adler, Keith Dobney, Laura S. Weyrich, John Kaidonis, Alan W. Walker, Wolfgang Haak, Corey J. A. Bradshaw, et al., "Sequencing Ancient Calcified Dental Plaque Shows Changes in Oral Microbiota with Dietary Shifts of the Neolithic and Industrial Revolutions," *Nature Genetics* 45 (2013): 450–55.
21. Raúl Y. Tito, Simone Macmil, Graham Wiley, Fares Najar, Lauren Cleeland, Chunmei Qu, Ping Wang, et al., "Phylotyping and Functional Analysis of Two Ancient Human Microbiomes," *PLoS ONE* 3 (2008): e3703; Raul Y. Tito, Dan Knights, Jessica Metcalf, Alexandra J. Obregon-Tito, Lauren Cleeland, Fares Najar, Bruce Roe, et al., "Insights from Characterizing Extinct Human Gut Microbiomes," *PLoS ONE* 7 (2012): e51146.

22. Luz Gibbons, José M. Belizán, Jeremy A. Lauer, Ana P. Betrán, Mario Merialdi, and Fernando Althabe, "The Global Numbers and Costs of Additionally Needed and Unnecessary Caesarean Sections Performed per Year: Overuse as a Barrier to Universal Coverage," *World Health Report* 30 (2010), http://www.who.int/healthsystems/topics/financing/healthreport/30C-sectioncosts.pdf (accessed August 3, 2015).
23. Leonard Colebrook, "Gerhard Domagk: 1895–1964," *Biographical Memoirs of Fellows of the Royal Society* 10 (1964): 39–50.
24. Rob R. Dunn, *The Wild Life of Our Bodies: Predators, Parasites, and Partners That Shape Who We Are Today* (New York: Harper, 2011).
25. Blaser, *Missing Microbes*.
26. Yoshan Moodley, Bodo Linz, Robert P. Bond, Martin Nieuwoudt, Himla Soodyall, Carina M. Schlebusch, Steffi Bernhöft, et al., "Age of the Association Between *Helicobacter pylori* and Man," *PLoS Pathogens* 8 (2012): e1002693.
27. Wouter J. den Hollander, I. Lisanne Holster, Bianca van Gilst, Anneke J. van Vuuren, Vincent W. Jaddoe, Albert Hofman, Guillermo I. Perez-Perez, Ernst J. Kuipers, Henriëtte A. Moll, and Martin J. Blaser, "Intergenerational Reduction in *Helicobacter pylori* Prevalence Is Similar Between Different Ethnic Groups Living in a Western City," *Gut* 64 (2015): 1200–1208; Masumi Okuda, Takako Osaki, Yingsong Lin, Hideo Yonezawa, Kohei Maekawa, Shigeru Kamiya, Yoshihiro Fukuda, and Shogo

Kikuchi, "Low Prevalence and Incidence of *Helicobacter pylori* Infection in Children: A Population-Based Study in Japan," *Helicobacter* 20 (2015): 133–38.

28. J. Robin Warren and Barry Marshall, "Unidentified Curved Bacilli on Gastric Epithelium in Active Chronic Gastritis," *Lancet* 321 (1983): 1273–75; Barry J. Marshall, John A. Armstrong, David B. McGechie, and Ross J. Glancy, "Attempt to Fulfill Koch's Postulates for Pyloric *Campylobacter*," *Medical Journal of Australia* 142 (1985): 436–39; Nicholas J. Talley, Alan R. Zinsmeister, Amy Weaver, Eugene P. DiMagno, Herschel A. Carpenter, Guillermo I. Perez-Perez, and Martin J. Blaser, "Gastric Adenocarcinoma and *Helicobacter pylori* Infection," *Journal of the National Cancer Institute* 83 (1991): 1734–39; Abraham Nomura, Grant N. Stemmermann, Po-Huang Chyou, Ikuko Kato, Guillermo I. Perez-Perez, and Martin J. Blaser, "*Helicobacter pylori* Infection and Gastric Carcinoma Among Japanese Americans in Hawaii," *New England Journal of Medicine* 325 (1991): 1132–36.
29. Jean-François Bach, "The Effect of Infections on Susceptibility to Autoimmune and Allergic Diseases," *New England Journal of Medicine* 347 (2002): 911–20; Moises Velasquez-Manoff, *An Epidemic of Absence: A New Way of Understanding Allergies and Autoimmune Diseases* (New York: Simon & Schuster, 2012).
30. Susanna Y. Huh, Sheryl L. Rifas-Shiman, Chloe A. Zera, Janet W. Rich Edwards, Emily Oken, Scott T. Weiss, and Matthew W. Gillman, "Delivery by Caesarean Section and Risk of Obesity in

Preschool Age Children: A Prospective Cohort Study," *Archives of Disease in Childhood* 97 (2012): 610–16; Peter Bager, Jan Wohlfahrt, and Tine Westergaard, "Caesarean Delivery and Risk of Atopy and Allergic Disease: Meta-analyses," *Clinical & Experimental Allergy* 38 (2008): 634–42; Patrice D. Cani, Rodrigo Bibiloni, Claude Knauf, Aurélie Waget, Audrey M. Neyrinck, Nathalie M. Delzenne, and Rémy Burcelin, "Changes in Gut Microbiota Control Metabolic Endotoxemia-Induced Inflammation in High-Fat Diet-Induced Obesity and Diabetes in Mice," *Diabetes* 57 (2008): 1470–81.

31. David Y. Graham, "The Only Good Helicobacter pylori Is a Dead *Helicobacter pylori*," *Lancet* 350 (1997): 70–71.

32. Harunobu Amagase, "Current Marketplace for Probiotics: A Japanese Perspective," *Clinical Infectious Diseases* 46 (2008): S73–S75; Maija Saxelin, "Probiotic Formulations and Applications, the Current Probiotics Market, and Changes in the Marketplace: A European Perspective," *Clinical Infectious Diseases* 46 (2008): S76–S79; Dimitri Drekonja, Jon Reich, Selome Gezahegn, Nancy Greer, Aasma Shaukat, Roderick MacDonald, Indy Rutks, and Timothy J. Wilt, "Fecal Microbiota Transplantation for *Clostridium difficile* Infection: A Systematic Review," *Annals of Internal Medicine* 162 (2015): 630–38.

33. David W. Dunne and Anne Cooke, "A Worm's Eye View of the Immune System: Consequences for Evolution of Human Autoimmune Disease," *Nature Reviews Immunology* 5 (2005): 420–26.

34. Andrew C. Baker, "Flexibility and Specificity in Coral-Algal Symbiosis: Diversity, Ecology, and Biogeography of *Symbiodinium*," *Annual Review of Ecology, Evolution, and Systematics* 34 (2003): 661–89.
35. Rebeca B. Rosengaus, Courtney N. Zecher, Kelley F. Schultheis, Robert M. Brucker, and Seth R. Bordenstein, "Disruption of the Termite Gut Microbiota and Its Prolonged Consequences for Fitness," *Applied and Environmental Microbiology* 77 (2011): 4303–12.
36. Sarah C. P. Williams, "Gnotobiotics," *Proceedings of the National Academy of Sciences* 111 (2014): 1661; Peter J. Turnbaugh, Ruth E. Ley, Micah Hamady, Claire Fraser-Liggett, Rob Knight, and Jeffrey I. Gordon, "The Human Microbiome Project: Exploring the Microbial Part of Ourselves in a Changing World," *Nature* 449 (2007): 804; Ki-Jong Rhee, Periannan Sethupathi, Adam Driks, Dennis K. Lanning, and Katherine L. Knight, "Role of Commensal Bacteria in Development of Gut-Associated Lymphoid Tissues and Preimmune Antibody Repertoire," *Journal of Immunology* 172 (2004): 1118–24.
37. Junjie Qin, Ruiqiang Li, Jeroen Raes, Manimozhiyan Arumugam, Kristoffer Solvsten Burgdorf, Chaysavanh Manichanh, Trine Nielsen, et al., "A Human Gut Microbial Gene Catalogue Established by Metagenomic Sequencing," *Nature* 464 (2010): 59–65.
38. Ilana Zilber-Rosenberg and Eugene Rosenberg, "Role of Microorganisms in the Evolution of Animals and Plants: The

Hologenome Theory of Evolution," *FEMS Microbiology Reviews* 32 (2008): 723–35.

第六章 超越地平线

1. Bill Bryson, *A Short History of Nearly Everything* (New York: Broadway Books, 2003); David M. Raup, *Extinction: Bad Genes or Bad Luck?* (New York: Norton, 1992).
2. Michael J. Benton and Richard J. Twitchett, "How to Kill (Almost) All Life: The End-Permian Extinction Event," *Trends in Ecology & Evolution* 18 (2003): 358–65; Peter Schulte, Laia Alegret, Ignacio Arenillas, José A. Arz, Penny J. Barton, Paul R. Bown, Timothy J. Bralower, et al., "The Chicxulub Asteroid Impact and Mass Extinction at the Cretaceous-Paleogene Boundary," *Science* 327 (2010): 1214–18.
3. Philip A. Bland, "The Impact Rate on Earth," *Philosophical Transactions of the Royal Society of London A: Mathematical, Physical and Engineering Sciences* 363 (2005): 2793–810.
4. J. D. Giorgini, S. J. Ostro, L. A. M. Benner, P. W. Chodas, S. R. Chesley, R. S. Hudson, M. C. Nolan, et al., "Asteroid 1950 DA's Encounter with Earth in 2880: Physical Limits of Collision Probability Prediction," *Science* 296 (2002): 132–36; Steven N. Ward and Erik Asphaug, "*Asteroid Impact Tsunami of 2880 March 16,*" *Geophysical Journal International* 153 (2003): F6–F10.
5. J. P. Sanchez and Camilla Colombo, "Impact Hazard Protection Efficiency by a Small Kinetic Impactor," *Journal of Spacecraft*

and Rockets 50 (2013): 380–93.

6. Ben G. Mason, David M. Pyle, and Clive Oppenheimer, "The Size and Frequency of the Largest Explosive Eruptions on Earth," *Bulletin of Volcanology* 66 (2004): 735–48; Jacob B. Lowenstern, Robert B. Smith, and David P. Hill, "Monitoring Super-volcanoes: Geophysical and Geochemical Signals at Yellowstone and Other Large Caldera Systems," *Philosophical Transactions of the Royal Society of London A: Mathematical, Physical and Engineering Sciences* 364 (2006): 2055–72.
7. Stephen Self, "The Effects and Consequences of Very Large Explosive Volcanic Eruptions," *Philosophical Transactions of the Royal Society of London A: Mathematical, Physical and Engineering Sciences* 364 (2006): 2073–97.
8. Gerald C. Nelson, Hugo Valin, Ronald D. Sands, Petr Havlík, Helal Ahammad, Delphine Deryng, Joshua Elliott, et al., "Climate Change Effects on Agriculture: Economic Responses to Biophysical Shocks," *Proceedings of the National Academy of Sciences* 111 (2014): 3274–79; Jason R. Rohr, Andrew P. Dobson, Pieter T. Johnson, A. Marm Kilpatrick, Sara H. Paull, Thomas R. Raffel, Diego Ruiz-Moreno, and Matthew B. Thomas, "Frontiers in Climate Change–Disease Research," *Trends in Ecology & Evolution* 26 (2011): 270–77; Camille Parmesan and Gary Yohe, "A Globally Coherent Fingerprint of Climate Change Impacts Across Natural Systems," *Nature* 421 (2003): 37–42; Anthony J. McMichael, "Globalization, Climate Change, and Human Health," *New England Journal of Medicine* 368 (2013): 1335–43.

9. Elizabeth Kolbert, *The Sixth Extinction: An Unnatural History* (New York: Henry Holt, 2014); Anthony D. Barnosky, Nicholas Matzke, Susumu Tomiya, Guinevere O. U. Wogan, Brian Swartz, Tiago B. Quental, Charles Marshall, et al., "Has the Earth's Sixth Mass Extinction Already Arrived?" *Nature* 471 (2011): 51–57; Jared M. Diamond, N. P. Ashmole, and P. E. Purves, "The Present, Past and Future of Human-Caused Extinctions," *Philosophical Transactions of the Royal Society B: Biological Sciences* 325 (1989): 469–77; David Quammen, *The Song of the Dodo: Island Biogeography in an Age of Extinction* (New York: Scribner, 1996).

10. Will Hunt, "Bringing to Light Mysterious Maya Cave Rituals," *Discover,* November 12, 2014, http://discovermagazine.com/2014/dec/15-cave-of-the-crystal-maiden (accessed September 1, 2015).

11. Douglas J. Kennett, Sebastian F. M. Breitenbach, Valorie V. Aquino, Yemane Asmerom, Jaime Awe, James UL Baldini, Patrick Bartlein, et al., "Development and Disintegration of Maya Political Systems in Response to Climate Change," *Science* 338 (2012): 788–91; Holley Moyes, Jaime J. Awe, George A. Brook, and James W. Webster, "The Ancient Maya Drought Cult: Late Classic Cave Use in Belize," *Latin American Antiquity* 20 (2009): 175–206.

12. Jared Diamond, *Collapse: How Societies Choose to Fail or Succeed* (New York: Penguin, 2005).

13. Andy Purvis, John L. Gittleman, Guy Cowlishaw, and Georgina

M. Mace, "Predicting Extinction Risk in Declining Species," *Proceedings of the Royal Society of London B: Biological Sciences* 267 (2000): 1947–52; Marcel Cardillo, Georgina M. Mace, Kate E. Jones, Jon Bielby, Olaf R. P. Bininda-Emonds, Wes Sechrest, C. David L. Orme, and Andy Purvis, "Multiple Causes of High Extinction Risk in Large Mammal Species," *Science* 309 (2005): 1239–41; Simon R. Evans and Ben C. Sheldon, "Interspecific Patterns of Genetic Diversity in Birds: Correlations with Extinction Risk," *Conservation Biology* 22 (2008): 1016–25; Annalee Newitz, *Scatter, Adapt, and Remember: How Humans Will Survive a Mass Extinction* (New York: Anchor, 2013).

14. Erin E. Saupe, Huijie Qiao, Jonathan R. Hendricks, Roger W. Portell, Stephen J. Hunter, Jorge Soberón, and Bruce S. Lieberman, "Niche Breadth and Geographic Range Size as Determinants of Species Survival on Geological Time Scales," *Global Ecology and Biogeography* 24 (2015): 1159–69; Newitz, *Scatter, Adapt, and Remember.*

15. Peter L. Forey, *History of the Coelacanth Fishes* (Berlin: Springer Science & Business Media, 1998); Sean B. Carroll, *Into the Jungle: Great Adventures in the Search for Evolution* (San Francisco: Benjamin-Cummings, 2008).

16. Didier Casane and Patrick Laurenti, "Why Coelacanths Are Not 'Living Fossils,' " *Bioessays* 35 (2013): 332–38.

17. Chris T. Amemiya, Jessica Alföldi, Alison P. Lee, Shaohua Fan, Hervé Philippe, Iain Mac-Callum, Ingo Braasch, et al., "The

African Coelacanth Genome Provides Insights into Tetrapod Evolution," *Nature* 496 (2013): 311–16.

18. Gil Sharon, Daniel Segal, John M. Ringo, Abraham Hefetz, Ilana Zilber-Rosenberg, and Eugene Rosenberg, "Commensal Bacteria Play a Role in Mating Preference of Drosophila melanogaster," *Proceedings of the National Academy of Sciences* 107 (2010): 20051–56.
19. Robert M. Brucker and Seth R. Bordenstein, "The Hologenomic Basis of Speciation: Gut Bacteria Cause Hybrid Lethality in the Genus Nasonia," *Science* 341 (2013): 667–69.
20. Jonathan Weiner, *The Beak of the Finch: A Story of Evolution in Our Time* (New York: Vintage, 1994).
21. Peter R. Grant and B. Rosemary Grant, *How and Why Species Multiply: The Radiation of Darwin's Finches* (Princeton: Princeton University Press, 2011).
22. Sonia Kleindorfer, Jody A. O' Connor, Rachael Y. Dudaniec, Steven A. Myers, Jeremy Robertson, and Frank J. Sulloway, "Species Collapse via Hybridization in Darwin's Tree Finches," *American Naturalist* 183 (2014): 325–41; Peter R. Grant and B. Rosemary Grant, "Evolutionary Biology: Speciation Undone," *Nature* 507 (2014): 178–79; Sangeet Lamichhaney, Jonas Berglund, Markus Sällman Almén, Khurram Maqbool, Manfred Grabherr, Alvaro Martinez-Barrio, Marta Promerová, et al., "Evolution of Darwin's Finches and Their Beaks Revealed by Genome Sequencing," *Nature* 518 (2015): 371–75.
23. David Reich, Nick Patterson, Desmond Campbell, Arti

Tandon, Stéphane Mazieres, Nicolas Ray, Maria V. Parra, et al., "Reconstructing Native American Population History," *Nature* 488 (2012): 370–74; Pontus Skoglund, Swapan Mallick, Maria Cátira Bortolini, Niru Chennagiri, Tábita Hünemeier, Maria Luiza Petzl-Erler, Francisco Mauro Salzano, Nick Patterson, and David Reich, "Genetic Evidence for Two Founding Populations of the Americas," *Nature* 525 (2015): 104–8.

24. Peter Brown, Thomas Sutikna, Michael J. Morwood, Raden P. Soejono, E. Wayhu Saptomo, and Rokus Awe Due, "A New Small-Bodied Hominin from the Late Pleistocene of Flores, Indonesia," *Nature* 431 (2004): 1055–61.

25. Alfred Russel Wallace, *Island Life; or, The Phenomena and Causes of Insular Faunas and Floras: Including a Revision and Attempted Solution of the Problem of Geological Climates* (London: Macmillan, 1902); Peter Raby, *Alfred Russel Wallace: A Life* (Princeton: Princeton University Press, 2001).

26. Carroll, *Into the Jungle*.

27. Michael F. Holick, "Microgravity-Induced Bone Loss—Will It Limit Human Space Exploration?" *Lancet* 355 (2000): 1569–70.

28. Donald M. Hassler, Cary Zeitlin, Robert F. Wimmer-Schweingruber, Bent Ehresmann, Scot Rafkin, Jennifer L. Eigenbrode, David E. Brinza, et al., "Mars' Surface Radiation Environment Measured with the Mars Science Laboratory's Curiosity Rover," Science 343 (2014): 1244797-1–1244797-6; Ken Ohnishi and Takeo Ohnishi, "The Biological Effects of Space Radiation During Long Stays in Space," *Biological*

Sciences in Space 18 (2004): 201–5.

29. Bobby Blanchard, "Texas SpaceX Facility Might Land First Human on Mars," *Texas Tribune*, September 22, 2014, http://www.texastribune.org/2014/09/22/brownsville-spacex-facility-might-land-first-mars/ (accessed September 1, 2015); Christopher Hooton, "SpaceX's Elon Musk: NASA? 2035? I' ll Put Man on Mars in the Next 10 Years," Independent, June 18, 2014 (accessed September 1, 2015).
30. Robert Zubrin, *The Case for Mars* (New York: Simon & Schuster, 1996); Mars One, "About Mars One," http://www.mars-one.com/about-mars-one (accessed September 1, 2015); Norbert Kraft, "The Science of Screening Astronauts," https://community.mars-one.com/blog/the-science-of-screening-astronauts (accessed September 1, 2015).
31. Sayaka Wakayama, Yumi Kawahara, Chong Li, Kazuo Yamagata, Louis Yuge, and Teruhiko Wakayama, "Detrimental Effects of Microgravity on Mouse Preimplantation Development in Vitro," *PLoS ONE* 4 (2009): e6753.

后 记

1. Puping Liang, Yanwen Xu, Xiya Zhang, Chenhui Ding, Rui Huang, Zhen Zhang, Jie Lv, et al., "CRISPR/Cas9-Mediated Gene Editing in Human Tripronuclear Zygotes," *Protein & Cell* 6 (2015): 363–72.
2. Sara Reardon, "Global Summit Reveals Divergent Views on Human Gene Editing," *Nature* 528 (2015): 173.

3. Nathaniel Comfort, *The Science of Human Perfection: How Genes Became the Heart of American Medicine* (New Haven: Yale University Press, 2012).

致 谢

写这本书是一个不可思议的过程，没有那么多人的善良、慷慨和支持是不可能完成的。首先，我要感谢过去六年间选修莱斯大学生物学入门II这门课的学生们所做出的贡献，许多我在书中涉及的想法都得自同他们的讨论之中。正是他们的好奇心和令人深思的问题激发起我的强烈兴趣，不断探索人类当下的演化。

第3章中的部分内容得益于米凯尔·塞加尔（Michael Segal）的指导和编辑，曾作为一篇文章发表在《鹦鹉螺》（*Nautilus*）杂志上。与琼·施特拉斯曼（Joan Strassmann）和罗布·邓恩（Rob Dunn）的讨论鼓励了我找一位著作代理人，从而将这部书的创作推进到下一阶段。我非常感激唐费尔（Don Fehr）和三叉戟传媒集团（Trident Media Group）的工作人员接受我作为一名客户，并一直给予我支持和鼓励，对我关于图书出版这个奇特（对于我来讲）世界的所有问题都耐心解答。琼·托马森·布莱克（Jean Thomson Black）同样是一名非常有能力的指导；琼、安-玛丽·因博尔诺尼（Ann-Marie Imbornoni）以及耶鲁大学出版社团队的其他成员一起，帮助我平衡学术细节的精准度以及普通大众的接受程度，并制作出充满想象力的原创视觉设计。罗宾·迪布朗（Robin DuBlanc）精湛的审稿技术为我保驾护航，让叙述流畅，并将语法上的错误降到最低。我还必须要感谢圣菲科学写作研讨会的组织者们，桑德拉·布拉克斯里（Sandra Blakeslee）、乔治·约翰逊（George Johnson）、蒂姆·阿彭泽勒（Tim Appenzeller）以及其他老师和参与者，他们帮忙开发出了一套可以用来分享我的科学热情的工具包。

我要特别感谢许多与我讨论工作和生活细节的朋友，他们非常耐心地回答我的问题，邀请我前往办公室、实验室、考察点、家庭和模拟火星聚居地参观。包括罗宾·贝克、保罗·巴肯、辛西娅·比尔、马丁·布拉泽、塞思·博登斯坦、格雷戈里·巴克（Gregory Buck）、丹尼丝·迪林（Denise Dearing）、安娜·迪·里恩佐、玛丽亚·格洛丽亚·多明格斯-贝略、珍妮弗·德拉蒙德（Jennifer Drummond）、阿兰·加尼翁（Alain Gagnon）、凯利·热拉尔迪，理查德·吉布斯（Richard Gibbs）、戴维·格雷厄姆（David Graham）、亨利·哈佩丁（Henry Harpending）、克丽斯滕·霍克斯、约翰·霍克斯（John Hawks）、埃德·霍洛克斯（Ed Hollox）、尼娜·雅布隆斯基（Nina Jablonski）、江盼盼、埃莉诺·卡尔松（Elinor Karlsson）、达米安·拉布达（Damian Labuda）、皮埃尔·拉方丹、丹尼尔·利维（Daniel Levy）、塞西尔·刘易斯、丹·利伯曼、弗朗辛·马耶尔、埃曼努埃尔·米洛特、克劳迪娅·莫罗（Claudia Moreau）、霍利·莫伊斯、长沼武、帕梅拉·尼可莱塔托斯、拉斯马斯·尼尔森、霍华德·奥赫曼（Howard Ochman），戴维·佩雷特、诺曼德·佩龙（Normand Perron）、里克·波茨、利塔·普罗克特、戴维·赖希、帕迪斯·萨贝提、斯蒂芬·沙夫纳（Stephen Schaffner）、安–索菲耶·施罗伊斯、斯蒂芬·斯特恩斯（Stephen Stearns）、肯·沙利文、兰迪·桑希尔、萨拉·季可夫和内森·约兹韦克（Nathan Yozwiak）。我尤其感激埃曼努埃尔·米洛特、帕迪斯·萨贝提和EMBO基因组时代的人类演化会议的组织者和参与者，以及火星沙漠研究站Crew 149的全体人员接待我进行了深入的探访。

我还要对以下各位致以我最真诚的谢意，他们花时间阅读，并为我的部分草稿提出反馈意见：罗宾·贝克、辛西娅·比尔、马丁·布拉泽、塞思·博德斯坦、斯蒂芬·布拉德肖（Stephen Bradshaw）、凯利·热拉尔迪、克丽斯滕·霍克斯、埃德·霍洛克斯、埃莉诺·卡尔松，塞西尔·刘易斯、埃曼努埃尔·米洛特、霍利·莫伊斯、霍华德·奥赫曼、里克·波茨、戴维·赖希、帕迪斯·萨贝提、阿德里安娜·西蒙斯–科雷亚（Adrienne Simões-Correa）、凯瑟琳娜·所罗门（Catharina Solomon）、斯蒂芬·斯特恩斯和兰迪·桑希尔。特别感谢的我朋友杰弗里·刘易斯（Jeffrey Lewis）、琼·施特拉斯曼和凯利·魏纳斯密斯（Kelly Weinersmith），他们阅读了整本书的草稿（在很短时间内）并且提供了非常有帮助的建议和想法；感谢他们批判性的见解和令人深思的建议让这本书得到了很大改善。两位匿名读者也提供了额外的帮助，指出了书中不准确的地方，并且强调需要另外再添加一些例子、观点及解释，来平衡叙述部分或是更加清晰地阐述某个概念。书中出现的任何错误和遗漏都是我的责任。

感谢斯蒂芬·布拉德肖、迈克·居斯坦（Mike Gustin）、布莱恩·迈特纳（Brian Maitner）、苏珊·麦金托什（Susan McIntosh）、斯蒂芬·斯特恩斯和弗雷明汉历史学会（Framingham Historical Society）的工作人员帮助我找到许多有用的资源和材料；感谢加布里埃拉·赞布拉诺（Gabriela Zambrano）帮我处理采访录音的音译。我很幸运地拥有来自莱斯大学的同事们以及珍妮特·布拉姆（Janet Braam）和埃文·西曼（Evan Siemann）两位系主任的支持。另外，还要感谢那些在过去五年里让我在各个阶段的研究、写作和编辑过程中保持沉着和冷静状态并且一直有咖啡喝的人们——尤其是赖斯咖啡馆（Rice Coffeehouse）和布拉希尔咖啡（Café Brasil）的工作人员。感谢优秀的学生们、贝克学院（Baker College）的A团队，以及我的家庭。

家庭一直以来都是我生活的根基，我非常幸运地拥有一个充满欢乐和爱的家庭。我的孩子们尼亚拉（Nyala）、尼古拉斯（Nicholas）和托马斯（Thomas）是它的核心，他们的能量、同情心和无止境的爱始终令我感到惊讶。我永远感激艾拉（Ira）、苏珊·所罗门（Susan Solomon）和他们所做的一切，尤其是一直鼓励我去追寻梦想，让我相信它们可以实现。与父母和姐姐们的家庭旅行教会我如何寻找新的想法和体验，除了培养出我对旅游的热爱以外，也为我终生的探索增加了能量。我的大家庭还为我提供了一大群可爱的支持者，包括无与伦比的岳父岳母。我一直被鲍勃（Bob）和弗拉维娅·赫尔特

（Flavia Horth）的生命所启发着，他们不仅养育了四个不可思议的女儿，也让我对我们这个物种的未来充满希望。

最后的感谢献给我的妻子，凯瑟琳娜，她一直提醒着我什么在我的生命中才是最重要的。没有她的耐心、爱和支持，这本书不可能完成。谢谢你给了那个穿错夹克的男生一个机会。

图书在版编目（CIP）数据

未来人类 / (美) 斯考特·所罗门著 ; 郭怿暄译
. -- 北京 : 民主与建设出版社, 2020.12
书名原文: Future Humans
ISBN 978-7-5139-3221-9

Ⅰ. ①未… Ⅱ. ①斯… ②郭… Ⅲ. ①人类进化－普
及读物 Ⅳ. ①Q981.1-49

中国版本图书馆CIP数据核字(2020)第221829号

Published with assistance from the foundation established in memory of James Wesley Cooper of the Class of 1865, Yale College.

未来人类
WEILAI RENLEI

著　者	［美］斯考特·所罗门
译　者	郭怿暄
筹划出版	银杏树下
出版统筹	吴兴元
责任编辑	王　颂　郝　平
特约编辑	马　楠
封面设计	墨白空间·杨和唐
出版发行	民主与建设出版社有限责任公司
电　话	（010）59417747　59419778
社　址	北京市海淀区西三环中路 10 号望海楼 E 座 7 层
邮　编	100142
印　刷	北京盛通印刷股份有限公司
版　次	2021 年 5 月第 1 版
印　次	2021 年 5 月第 1 次印刷
开　本	889 毫米 × 1194 毫米　1/32
印　张	6.75
字　数	110 千字
书　号	ISBN 978-7-5139-3221-9
定　价	60.00 元

注：如有印、装质量问题，请与出版社联系。